von Heimburg
Fit für die Zukunft!

York von Heimburg

Fit für die Zukunft!

12 Strategien für nachhaltigen Unternehmenserfolg

HANSER

Bibliografische Information der Deutschen Nationalbibliothek:

Die Deutsche Nationalbibliothek verzeichnet diese Publikation in der Deutschen Nationalbibliografie; detaillierte bibliografische Daten sind im Internet über <http://dnb.d-nb.de/> abrufbar.

Print-ISBN 978-3-446-46263-2
E-Book-ISBN 978-3-446-47139-9
ePub-ISBN 978-3-446-47232-7

Die Wiedergabe von Gebrauchsnamen, Handelsnamen, Warenbezeichnungen usw. in diesem Werk berechtigt auch ohne besondere Kennzeichnung nicht zu der Annahme, dass solche Namen im Sinne der Warenzeichen- und Markenschutzgesetzgebung als frei zu betrachten wären und daher von jedermann benutzt werden dürften.

Alle in diesem Buch enthaltenen Verfahren bzw. Daten wurden nach bestem Wissen dargestellt. Dennoch sind Fehler nicht ganz auszuschließen.

Aus diesem Grund sind die in diesem Buch enthaltenen Darstellungen und Daten mit keiner Verpflichtung oder Garantie irgendeiner Art verbunden. Autoren und Verlag übernehmen infolgedessen keine Verantwortung und werden keine daraus folgende oder sonstige Haftung übernehmen, die auf irgendeine Art aus der Benutzung dieser Darstellungen oder Daten oder Teilen davon entsteht.

Dieses Werk ist urheberrechtlich geschützt.

Alle Rechte, auch die der Übersetzung, des Nachdruckes und der Vervielfältigung des Buches oder Teilen daraus, vorbehalten. Kein Teil des Werkes darf ohne schriftliche Einwilligung des Verlages in irgendeiner Form (Fotokopie, Mikrofilm oder einem anderen Verfahren), auch nicht für Zwecke der Unterrichtsgestaltung – mit Ausnahme der in den §§ 53, 54 URG genannten Sonderfälle –, reproduziert oder unter Verwendung elektronischer Systeme verarbeitet, vervielfältigt oder verbreitet werden.

Die Rechte aller Grafiken und Bilder liegen bei den Autoren.

© 2021 Carl Hanser Verlag GmbH & Co. KG, München
www.hanser-fachbuch.de
Lektorat: Lisa Hoffmann-Bäuml
Herstellung: Carolin Benedix
Satz: Eberl & Kœsel Studio GmbH, Krugzell
Coverrealisation: Max Kostopoulos
Titelmotiv: © Max Kostopoulos
Druck und Bindung: CPI books GmbH, Leck
Printed in Germany

Für Erika, Fabian und Patrick

Liebe Leserin, lieber Leser!

Hätten Sie im Dezember 2019 gedacht, dass nur 18 Monate später …

… rund um den Globus unter Hochdruck an der Digitalisierung von Geschäftsmodellen gearbeitet wird, weil sich die analoge Welt als Schwäche und die digitale als Stärke erweisen hat,

… Führungskräfte und Mitarbeitende aller Ebenen pandemiebedingt permanent in Videocalls stecken und sich weder mit Branchenkollegen noch mit anderen Experten persönlich austauschen können (und glauben Sie etwa, das sei die letzte Pandemie gewesen?!),

… ein Essenslieferant (Delivery Hero) zu den DAX-30-Unternehmen gehört,

… die Umsätze von Amazon in die Höhe schießen werden,

… mindestens die Hälfte aller Büroarbeitskräfte zu Hause arbeitet,

… Universitäten geschlossen sind und die Studierenden ausschließlich digital lernen?

Das dynamische wirtschaftliche Umfeld zwingt Unternehmen und Institutionen zur blitzschnellen Veränderung. Die durchschnittliche Verweildauer von Unternehmen im Standard & Poor's-500-Index ist im letzten halben Jahrhundert von 61 auf 18 Jahre gesunken. Und Prognosen zufolge werden es im Jahr 2026 nur noch 14 Jahre sein!

Gefordert ist die schnelle und flexible Reaktion, besser noch: die *Aktion*. Leadership muss deshalb neu gedacht werden – und dann müssen diese neuen Gedanken auch ebenso schnell und flexibel umgesetzt werden. Von zentraler Bedeutung sind dabei wirksame und verantwortungsvolle Führungskräfte, die genau wissen, worauf es ankommt. Sie sind die Akteure[1], die die Geschicke des

---

[1] Die Themen Diversity und Inklusion sind mir extrem wichtig. Um die Ernsthaftigkeit zu unterstreichen, habe ich diesem Thema ein eigenes Kapitel gewidmet. Bitte verzeihen Sie mir, dass ich aus Gründen der besseren Lesbarkeit nicht durchgehend eine gendergerechte Sprache eingehalten habe.

Unternehmens lenken. Wenn sie das nämlich nicht tun, werden sie über kurz oder lang von anderen gelenkt.

In unserer komplexen und unsicheren Welt kann eine Führungskraft nicht alles selbst kontrollieren und über alles Bescheid wissen. Das muss sie auch nicht – aber sie muss wissen, wo die eigenen Stärken und Schwächen liegen, wer bestimmte Aufgaben besser lösen kann, welche Stärken und Schwächen das Team und das Unternehmen haben und wie man damit am besten umgeht. Sie muss erkennen, dass man konsequent Dinge weglassen muss, um Raum für Neues zu schaffen. Führungskräfte müssen den Kunden als oberste, ihre ganze Kraft fordernde Autorität sehen, in der Unternehmenssteuerung von Gefühlen und Erfahrung auf Prognose und Augmented Reality umschalten, die Digitalisierung vorantreiben und der Diversity den Stellenwert einräumen, den sie längst verdient. Und zwar nicht durch Worte, sondern durch Taten.

Aus meiner Sicht bieten die zwölf erfolgsentscheidenden Strategien, die in diesem Werk praxisorientiert vorgestellt werden, sowie der Ausblick auf die nahe Zukunft („Unternehmensführung im Lichte eines nachhaltigen ökologischen und sozialen Wirtschaftens") eine gute Handlungsanleitung zum geforderten neuen Denken und Tun. Betrachten Sie dieses Buch als Baukasten, aus dem Sie je nach betrieblicher Situation und Aufgabenstellung das passende Instrument auswählen. Mit zahlreichen Tipps und konkreten Handlungsanleitungen zeige ich auf, was notwendig ist, damit Sie die aktuellen Herausforderungen meistern und die Zukunft Ihres Unternehmens erfolgreich gestalten. Ich wünsche Ihnen dabei viel Erfolg!

München, im Juli 2021 *York von Heimburg*

Inhalt

Liebe Leserin, lieber Leser! VII

1 **Die Erfolgsstrategie der Selbsterkenntnis:**
  Bei sich selbst anfangen! 1
1.1 Analyse der eigenen Stärken und Schwächen 2
　　1.1.1 Definieren und fördern Sie Ihre Stärken 2
　　1.1.2 Stärken ausbauen lohnt sich 4
　　1.1.3 SWOT-Analyse: Stärken-/Schwächen-Analyse 6
1.2 Delegation der Schwächen 7
　　1.2.1 Meiden Sie die Delegationsfalle 8
　　1.2.2 Vertrauen als Voraussetzung für erfolgreiche Delegation 8
　　1.2.3 Konsequente Delegation von Verantwortung 10
　　1.2.4 Fehler zulassen und daraus lernen 11
1.3 Synergieeffekte durch komplementäre Teams 13
1.4 Starke Führungspersonen haben starke Mitarbeitende 13
　　1.4.1 Auf die Stärken der Mitarbeitenden setzen 14
　　1.4.2 Die sieben Stufen der Entscheidungsfindung 16

2 **Die Erfolgsstrategie der Fokussierung:**
  Auf die richtigen Angebote setzen 19
2.1 Aufräumen des Portfolios 20
　　2.1.1 Sich auf Profitables konzentrieren 20
　　2.1.2 Dinge konsequent weglassen, um Freiräume für Neues
　　　　　zu schaffen 22
2.2 Marktforschung als Dauereinrichtung etablieren 22
2.3 Priorisierung des Produkt-/Service-Portfolios 25

2.4	Konzentration auf Kernkompetenzen	26
2.5	Ziel: Marktüberlegenheit gewinnen	28
2.6	Wahl einer eindeutigen Richtung	30

3 Die Erfolgsstrategie der Kundenorientierung: Höchste Zufriedenheit erreichen ... 35

3.1	100 Prozent Fokus auf die Kundenbedürfnisse	35
3.2	Kundennähe als Teil eines ganzheitlichen Dialogs	37
3.3	Sieben Wege zum Erfassen der Kundenbedürfnisse	38
3.4	Definition von Kundenzufriedenheit	40
3.5	Näher am Kunden mit Design Thinking	43

4 Die Erfolgsstrategie des Messbarmachens: Betriebswirtschaftliche Kennzahlen dynamisch und automatisiert auswerten ... 47

4.1	Zahlen nicht isoliert betrachten		48
4.2	Zahlen transparent kommunizieren		50
4.3	Orientierung mittels Management-Frameworks		51
	4.3.1	KPI-Dashboard und Balanced Scorecard	52
	4.3.2	Digitalisierungsscorecard	55
	4.3.3	Objectives and Key Results (OKR)	57
4.4	Auf Nachhaltigkeit fokussieren		58

5 Die Erfolgsstrategie des Fortschritts: Technologie für konsequente Innovationen nutzen ... 63

5.1	Von der IT-Industrie lernen	63
5.2	Skalierbare Plattformen und Abo-Modelle aufbauen	65
5.3	Daten als Basis	67
5.4	Die Rolle der künstlichen Intelligenz	69
5.5	Wie künstliche Intelligenz bei der Entscheidungsfindung hilft	72
5.6	Das Denken in Silos und Boxen eliminieren	73
5.7	In übergreifenden Branchenplattformen denken	75
5.8	Technologen ins Top-Führungsteam holen	77

6	**Die Erfolgsstrategie der Anpassung: Komplexität als Chance erkennen**	79
6.1	Komplexität akzeptieren	79
6.2	Von der Kybernetik lernen	81
	6.2.1 Die Merkmale und Vorteile der Kybernetik kennen und nutzen	82
	6.2.2 Selbstorganisation ist die Devise	84
	6.2.3 Was bedeutet Selbstorganisation?	86
	6.2.4 Selbstorganisation umsetzen	88
6.3	Jeder kann ein Leader sein!	90
7	**Die Erfolgsstrategie des Andersdenkens: Das Ende der sicheren Pfade**	93
7.1	Hofnarr versus Everybody's Darling	94
7.2	Plädoyer für mehr Zivilcourage	95
7.3	Das Managen von Unsicherheiten mittels Prozessmusterwechsel	98
8	**Die Erfolgsstrategie der Agilität: Mit Schnelligkeit und Flexibilität antworten**	103
8.1	Die vier Merkmale einer agilen Organisation	105
8.2	Von der Netzwerkorganisation lernen	107
8.3	Leistungsfähiges Wissensmanagement und lernende Organisation	108
8.4	Business Ecosystems aufbauen	111
9	**Die Erfolgsstrategie der Stabilität: Resilienz stärken**	113
10	**Die Erfolgsstrategie der Transparenz: Richtig kommunizieren**	117
10.1	Vertrauen, Kompetenz und Glaubwürdigkeit aufbauen	118
10.2	Key-Kriterien für eine funktionierende Kommunikation	119
10.3	Kommunikationsregeln: Basis des Entscheidungsfindungsprozesses	121
10.4	Wirksamkeit durch Storytelling erhöhen	123

11 Die Erfolgsstrategie der Wertschätzung: Mit Weiterbildung und Beteiligung punkten ... 125

11.1 Aufbau einer Kultur des lebenslangen Lernens ... 126
11.2 Vorteile der Mitarbeiterbeteiligung nutzen ... 128
11.3 Beteiligungsmodelle und die verschiedenen Ausprägungen ... 130
11.4 Nachhaltigkeits-Bonus-System einführen ... 134

12 Die Erfolgsstrategie der Unterschiedlichkeit: Diversität und Inklusion als Chance begreifen ... 137

12.1 Konkrete Schritte für ein diverses und inklusives Umfeld ... 140
12.2 Nutzen und Vorteile einer D&I-Kultur ... 142
12.3 Beispiel für Diversity: Warum Frauen die besseren Führungskräfte sind ... 145

13 Ausblick: Unternehmensführung im Lichte eines nachhaltigen ökologischen und sozialen Wirtschaftens ... 147

13.1 Triple Bottom Framework als Orientierungshilfe von Unternehmen für nachhaltiges Handeln ... 148
13.2 Vier Disruptoren, die uns auf den Weg der Nachhaltigkeit bringen ... 150
    13.2.1 Disruption 1: Die Kraft der Kreislaufwirtschaft ... 151
    13.2.2 Disruption 2: Dekarbonisierung und Digitalisierung ... 155
    13.2.3 Disruption 3: Gemeinwohl-Ökonomie ... 158
    13.2.4 Disruption 4: Bildung und Digitalisierung ... 160

14 Literatur ... 165

15 Index ... 169

16 Der Autor ... 175

Danksagung ... 177

1 Die Erfolgsstrategie der Selbsterkenntnis: Bei sich selbst anfangen!

Der Erfolg eines Unternehmens ist abhängig von den Menschen, die darin arbeiten. Verantwortlich dafür ist das Management – die Führungskräfte. Unfähige Personen können ein florierendes Unternehmen in den Ruin führen, fähige Personen hingegen können ein Unternehmen, das kurz vor dem Abgrund steht, wieder in sicheres Gelände bringen. Wie gelingt diesen Personen der Turnaround? Wie schaffen sie es, ein bereits erfolgreiches Unternehmen noch weiter zu verbessern? Und wie bekommen sie es hin, ein Unternehmen durch eine Krise wie die von der Corona-Pandemie ausgelösten zu führen und wieder schlagkräftig zu machen?

Die Antwort lautet in sehr vielen Fällen: *weil sie sich auf das konzentrieren, was sie und die von ihnen geführten Unternehmen am besten können.* Und das ist das, was ihre Kunden als wichtigsten Grund nennen, warum sie die Produkte oder Dienstleistungen gerade von diesem Unternehmen beziehen. Die konsequente Fokussierung auf die eigenen Stärken ist der Schlüssel zum Erfolg.

Doch was sich in der Theorie so leicht anhört, ist in der Praxis nicht immer leicht umzusetzen. Wer kann schon seine Stärken genau beschreiben? Und wer ist sich selbst gegenüber ehrlich genug, schonungslos seine Schwächen einzugestehen? Wer bringt gar den Willen auf, die vorhandenen Schwächen zu akzeptieren und stattdessen ausschließlich seine Stärken weiterzuentwickeln? Am Anfang des Erfolgs steht daher eine gründliche und fortlaufende Bestandsaufnahme der eigenen Persönlichkeit und des eigenen Unternehmens. Das wiederum verlangt Mut, Offenheit und Kritikfähigkeit sich selbst gegenüber.

1.1 Analyse der eigenen Stärken und Schwächen

1.1.1 Definieren und fördern Sie Ihre Stärken

Machen Sie sich Ihre Stärken und Schwächen bewusst. Fangen Sie mit Ihren Stärken an, weil Sie darüber meist schneller und leichter valide Aussagen machen können. Beantworten Sie folgende Fragen offen und ehrlich – das geht am besten spontan:

- Welche Tätigkeiten und Gedanken machen mir Spaß und erzeugen eine tiefgehende Befriedigung meiner Leidenschaft?
- Wann stelle ich bei mir fest, dass der Energie-Level und meine Aktivität hoch sind und auch dauerhaft so bleiben?
- Was macht mich neugierig und kreativ, und in welchen Bereichen bin ich gewillt zuzuhören, zu lernen und mich weiterzuentwickeln?
- Bei welchen Themen bringe ich mich ohne Mühe ein, und auf welchen Gebieten bereitet es mir Freude, mich mit anderen auszutauschen?
- Bei welchen Themen und zu welchen Tageszeiten kann ich mich besonders konzentrieren, welche Aufgaben erledige ich sofort, und in welche Themen kann ich mich schnell einarbeiten?

Bitte analysieren Sie Ihre Stärken wie auch Ihre Schwächen nicht nur auf der Basis der Gegenwart, sondern auch auf der Grundlage Ihrer Kindheit und Jugend.

Oft rücken Stärken über den Lauf der Zeit in den Hintergrund. Aber die manchmal nicht mehr gelebten Stärken spielen nach wie vor eine Rolle für diese Analyse. Denn die eine oder andere in Vergessenheit geratene Stärke lässt sich schnell wieder abrufen.

Welche zusätzlichen Möglichkeiten gibt es neben der Beantwortung der genannten Fragen noch, Ihre Stärken herauszubringen? Versuchen Sie, so viele Erkenntnisquellen wie möglich auszuschöpfen. Dazu gehören:

- Ihre eigene regelmäßige Leistungsbeurteilung durch Vorgesetzte und Kollegen (zum Beispiel über eine 360-Grad-Befragung)
- Eine selbstkritische Ursachenanalyse Ihrer bisherigen Erfolge und Misserfolge
- Laufende Rückmeldungen aus Ihrem beruflichen und privaten Umfeld
- Erfahrungen aus Seminaren oder virtuellen interaktiven Fortbildungsmaß-

nahmen, an denen Sie teilgenommen haben, insbesondere Rückmeldungen der Trainer und anderer Teilnehmer sowie weitere Feedbackgespräche

Jeder Mensch besitzt individuelle Fähigkeiten und Fertigkeiten. In manchen Bereichen – und die gilt es für Sie herauszufiltern – sind Sie jetzt schon besser als die anderen, ohne dass Sie viel dazu beigetragen haben. In jeder Lebensphase zeigen sich Talente, und auch die Persönlichkeit sowie Stärken und Schwächen ändern sich oder lassen sich positiv beeinflussen.

Jetzt sollten Sie Ihre Schwächen näher betrachten. Diese sollten Sie kennen, um die richtigen Komplementäraufgaben oder Personen zu finden, die Ihre Schwächen mit passenden Stärken ausgleichen. Nur so ist eine befriedigende und effiziente Zusammenarbeit erst möglich. Dies wird Ihnen und Ihrem Umfeld eine große Hilfe sein, wenn Sie in Ihrem Führungsalltag Aufgaben und Projekte delegieren werden, für die Sie nachweislich und für Ihre Kollegen nachvollziehbar nicht gerade prädestiniert sind.

Hier sind die Fragen zum Herausfinden Ihrer Schwächen:

- Welche Aktivitäten bereiten Ihnen Mühe und Anstrengung und kosten viel Energie?
- Bei welchen Aufgaben werden Sie schnell müde und verlieren die Konzentration?
- Über welche Themen fällt es Ihnen schwer zu reden oder zu argumentieren?
- Bei welchen Tätigkeiten stellen sich bei Ihnen Widerstand oder Unwohlsein ein?
- Bei welchen Gelegenheiten werden Sie schnell gereizt und nervös?
- Wann oder bei welchen Themen kommen bei Ihnen Unruhe und Unsicherheit auf?

Beantworten Sie die Fragen über Ihre Stärken und Schwächen zunächst selbst. Danach fragen Ihre besten Freunde und Kolleginnen, wie sie Ihre Stärken und Schwächen sehen. Anschließend legen Sie beide Ergebnisse übereinander. Das Eigen- und Fremdbild weichen oft voneinander ab; daher ist es wichtig, Lücken oder Widersprüche herauszufinden. Im nächsten Schritt können Sie mit anderen kritisch darüber diskutieren.

Berücksichtigen Sie noch einen wichtigen Aspekt: Eine scheinbare Schwäche kann auch eine Stärke werden – je nachdem, welchen Beruf Sie ausüben. Man nennt dies „verdeckte" Stärke: Wenn Sie zum Beispiel „Pedanterie" als eine Schwäche analysiert haben, dann kann diese Gründlichkeit bei allem, was mit Finanzen zu tun hat, zu einer wichtigen Stärke werden.

1.1.2 Stärken ausbauen lohnt sich

Die US-amerikanischen Managementforscher Jack Zenger und Joe Folkman (Zenger/Folkman, 2009) haben etwa 20 000 Führungskräfte weltweit befragt. Nach ihrer Erkenntnis macht es einen erheblichen Unterschied, ob Führungskräfte mehr an ihren Schwächen oder ihren Stärken arbeiten. Manager, die ausschließlich an ihren Schwächen gearbeitet haben, verbesserten sich insgesamt nur um ein Drittel von dem, was Führungskräfte erreichten, die nur an ihren Stärken oder an einer Kombination aus beidem arbeiteten. Laut der Forschung von Zenger/Folkman ist es nicht die Abwesenheit von Schwächen, die besonders erfolgreiche Manager ausmacht, sondern die Präsenz von möglichst vielen und klar umrissenen Stärken.

> Diejenigen, die ihre persönlichen Stärken ausbauen, sind rund dreimal so effektiv wie jene, die sich auf die Behebung ihrer Schwächen konzentrieren.

Doch nicht nur die Effektivität steigt, wenn man sich auf die eigenen Stärken konzentrieren kann. Sind wir zu sehr damit beschäftigt, unsere Schwächen auszugleichen, raubt das wichtige Energie und kann uns schlimmstenfalls auch krank machen. Eine besondere Gefahrenquelle sind – so merkwürdig das auf den ersten Blick anmuten mag – Beförderungen. Denn bei ihnen greift das Peter-Prinzip. Es ist nach dem kanadisch-US-amerikanischen Professor und Autor Laurence J. Peter (1969) benannt und besagt, dass in einer Hierarchie jeder Beschäftige dazu neigt, bis zur Stufe seiner Unfähigkeit aufzusteigen. Dieses Phänomen führt zu Managern, die auf Positionen gehievt werden, auf denen sie ihre Stärken nicht mehr einsetzen können und nur noch darauf bedacht sind, ihre Schwächen zu überdecken. Damit fügen sie jedoch ihrem Unternehmen, ihren Mitarbeitenden und schließlich auch sich selbst erheblichen Schaden zu.

Wer in der Peter-Prinzip-Falle steckt und seine Stärken nicht auf die Straße bringen kann, den kann es unter Umständen sogar noch schlimmer treffen. Im Management-Klassiker „Die Leiden der Leitenden" beschreibt Helmut Hofstetter (1988) die Folgen des Peter-Prinzips. Er nennt physische Leiden wie rasche Erschöpfung, Kopfschmerzen, schlechter Schlaf und Vereinsamung.

Bei Managerinnen und Managern, die unter ihren komplexen und scheinbar unlösbaren Aufgaben leiden, sind diese Beeinträchtigungen wesentlich stärker ausgebildet als in der Gesamtbevölkerung. 56 Prozent aller von Hofstetter befragten Entscheider gaben zu, dass sie erhebliche Probleme bei der Konzentration hatten – und das zu einer Zeit ohne kommerziell genutztes Internet, Smartphones und Social Media.

Priorisieren Sie die anfallenden Aufgaben gemäß Ihrer Stärken. Delegieren Sie alle anderen Aufgaben an Mitarbeitende, die besser dafür geeignet sind, diese Aufgaben zu lösen.

Kernkompetenzen, die für erfolgreiche Führung entscheidend sind

Fokus auf Ergebnis
- Analyse der betriebswirtschaftlichen Ergebnisse
- Analyse des Portfolios und Mut zum Weglassen
- Formulierung von herausfordernden, machbaren und nachvollziehbaren Zielen
- Eigeninitiative ergreifen
- Delegation von Schwächen

Veränderungen vorantreiben
- Hohe Bereitschaft, den Kunden und den Mitarbeitenden zuzuhören
- Veränderungsinitiative zeigen, gemeinsam mit Mitarbeitenden neue Ideen finden und die Ergebnisse gemeinsam mit den Kunden weiterentwickeln
- Die Belegschaft im Change-Prozess mitnehmen
- Das Unternehmen intern zusammenhalten und nach außen repräsentieren

Charakter entwickeln
- Ehrlichkeit, Offenheit und Transparenz
- Achtsamkeit und Authentizität
- Empathie und Begeisterungsfähigkeit
- Integration und Vernetzung
- Mut, Kritikfähigkeit und Tatkraft
- Hohe Resilienz und Energie

Interpersonelle Fähigkeiten
- Kraftvolle und effektive Kommunikation
- Fokussierung auf Inspiration und Motivation der Mitarbeitenden zu Höchstleistungen
- Aufbau von Beziehungen und Fähigkeit, Mitarbeitende zu entwickeln und zu fördern
- Kollaborativer Führungsstil und Fähigkeit zu Teamwork
- Agilität

Individuelle Führungsvoraussetzungen
- Hohe Affinität zu Technologien und gutes technologisches Verständnis
- Hunger auf Innovationen, Fähigkeit zur Disruption der eigenen Geschäftsmodelle
- Bewusstsein der Bedeutung von Big Data und des Einsatzes von künstlicher Intelligenz
- Starkes Maß an Lernfähigkeit und Problemlösungskompetenz

(In Anlehnung an Zenger/Folkman, 2009)

1.1.3 SWOT-Analyse: Stärken-/Schwächen-Analyse

Bei der Analyse Ihrer Stärken und Schwächen hilft auch die SWOT-Analyse weiter. SWOT steht für *Strengths* (Stärken), *Weaknesses* (Schwächen), *Opportunities* (Chancen) und *Threats* (Risiken). Diese relativ einfach zu erstellende Analyse wurde in den 1960er-Jahren an der Harvard Business School (nach Henry Mintzberg) entwickelt. Die Idee dazu stammt von dem chinesischen General, Militärstrategen und Philosoph Sunzi (544 – 496 v Chr.). Er schrieb in seinem Werk „Die Kunst des Krieges" (2009): „Wenn Du den Feind und Dich selbst erkennst, brauchst Du den Ausgang von hundert Schlachten nicht zu fürchten. Wenn Du dich selbst kennst, doch nicht den Feind, wirst Du für jeden Sieg, den Du erringst, eine Niederlage erleiden. Wenn Du weder den Feind noch Dich selbst kennst, wirst Du in jeder Schlacht unterliegen."

Die SWOT-Analyse dient zumeist der Positionsbestimmung oder der Strategieentwicklung des Unternehmens – sie eignet sich aber auch für eine persönliche Stärken- und Schwächenanalyse (Bild 1.1) und steigert bei richtiger Anwendung die Chancen auf beruflichen Erfolg. Der Grundgedanke ist einfach: Sie analysieren allein und durch das Feedback anderer Ihre Stärken und Schwächen. Sie erörtern Chancen und mögliche Risiken aus Ihrem Umfeld und leiten daraus die entsprechenden Schritte ab, um Ihre Stärken gezielt und konsequent auszubauen. Nur wer die eigenen Stärken und Schwächen kennt und sich vergegenwärtigt, welchen Herausforderungen er sich gegenübersieht, kann nachhaltig und zielgerichtet ein Unternehmen lenken.

Wenn Sie die SWOT-Analyse erstellen, sollten Sie sich an folgenden drei Schritten orientieren:

- *Rahmenbedingungen analysieren:* Schauen Sie sich an, wo Sie momentan in Ihrer beruflichen Situation stehen, in welcher Umgebung Sie agieren, mit welchen Menschen Sie interagieren, welche Chancen Sie aktuell haben, um optimal wirksam zu sein und welche zukünftigen Risiken Ihnen drohen, die Ihre Wirksamkeit gefährden.
- *Stärken-Schwächen-Profil erstellen:* Dieser Schritt erfordert eine gründliche Selbstreflexion und die Ehrlichkeit gegenüber sich selbst. Das ist ein fortwährender Prozess, denn Ihre Persönlichkeit verändert sich im Verlauf Ihres Lebens. Hier geht es um Ihre persönlichen Stärken, Fähigkeiten und Kompetenzen auch im Vergleich zu Ihren Kollegen.
- *Strategien ableiten:* Wenn Ihre Stärken auf Chancen treffen, können Sie Ihre Fähigkeiten für sich sehr gut und gewinnbringend einsetzen, die sich bietenden Möglichkeiten besser nutzen und sich somit Vorteile verschaffen. Wenn Schwächen und Risiken zusammenfallen, gilt es, diesen Bereich so

gut wie möglich zu minimieren und wenn möglich jemanden im Unternehmen zu finden, der exakt Ihre Schwächen und Risikopotenziale zu seinen Stärken und Chancenpotenzialen machen kann.

Bild 1.1 SWOT-Analyse

■ 1.2 Delegation der Schwächen

Sieger-Typen wissen genau, was sie am besten können. Das unterscheidet sie von herkömmlichen Managern, die immer noch die Illusion haben, dass sie in allen Bereichen überdurchschnittliche Leistungen erbringen. In den Köpfen vieler Manager spukt immer noch die Idee vom Universalgenie herum. Das war vielleicht noch im 17. und 18. Jahrhundert möglich, wobei sich schon damals das enzyklopädische Wissen alle 100 Jahre verdoppelte. 1950 verdoppelte es sich bereits alle 50 Jahre, 1980 alle sieben Jahre, 2010 alle vier Jahre, und im Jahr 2020 reichten dafür 73 Tage.

Angesichts dieser beeindruckenden Zahlen kann keine Person der Welt auf allen Gebieten fachlich perfekt sein.

Umso wichtiger wird es für Sie, Ihre Persönlichkeit konsequent um Ihre Stärken herum zu organisieren. Das heißt im Umkehrschluss, dass Sie bei den immer zahlreicher, vielschichtiger und komplexer werdenden Aufgaben konsequent Ihre Schwächen delegieren und solche Aufgaben exakt den Menschen im Unternehmen übertragen, deren Stärken Ihre Schwächen sind.

1.2.1 Meiden Sie die Delegationsfalle

In der Praxis geschieht jedoch allzu oft das genaue Gegenteil dessen: Viele Führungskräfte delegieren ihre Stärken und behalten ihre Schwächen. Das nenne ich die Delegationsfalle! Auf den ersten Blick mag das absurd klingen – ist es aber nicht. Die Erfahrung lehrt uns, dass der Manager sehr häufig die Stärken delegiert, weil er diese – weil er sie ja kennt! – überwachen und kontrollieren kann. Er bleibt dabei in seiner gewohnten und vertrauten Umgebung und kann seine Erfahrungen, die ihn bisher stark gemacht haben, gut weitergeben. Dabei fühlt er sich wohl. Für die Person, die diese Stärken zwangsweise aufnehmen muss, bedeutet dies zum einen, dass sie gegebenenfalls gezwungen wird, gegen ihre eigene Persönlichkeit anzukämpfen, da das geforderte Handeln nicht ihrem Stärkeprofil entspricht. Zum anderen ist sie einer ständigen Kontrolle und auch einem gewissen Misstrauen des Managers ausgesetzt, von dem sie die Aufgabe delegiert bekommen hat. Denn eines ist klar: In den meisten Unternehmen ist immer noch der veraltete Führungsstil „Command and Control" sehr ausgeprägt, der aus einer anderen Zeit und einer einfacheren Welt stammt.

In der neuen digitalen und vernetzten Welt ist dieser Führungsstil jedoch höchst ineffizient und führt zu falschen und eindimensionalen Entscheidungen. In allen erfolgreichen Startups ist daher ein fast gegensätzlicher Führungsstil ohne ausgeprägte Hierarchie und mit sehr viel Eigenverantwortlichkeit und Agilität üblich. Der Grund dafür ist sehr einfach: Die Geschwindigkeit des Handelns erfordert gerade in den neuen und hochdynamischen Geschäftsfeldern, in der sich die Startups bewegen, eine darauf ausgerichtete Führungskultur.

1.2.2 Vertrauen als Voraussetzung für erfolgreiche Delegation

Wenn Sie Ihre Schwächen vernünftig delegieren – das kann an eine oder mehrere Personen geschehen –, dann brauchen Sie zum einen ein hohes Maß an Vertrauen in die Person, an die Sie Ihre Schwächen delegieren. Zum anderen sollte Ihre Persönlichkeit von einer ordentlichen Portion Selbstsicherheit und Fehlertoleranz geprägt sein.

Beim Delegieren Ihrer Schwächen werden Sie nicht mehr automatisch in der Lage sein, alles selbst zu kontrollieren. Sie haben ja selbst erfasst, dass Sie in Ihren Schwächebereichen eben nicht das erforderliche Know-how sowie die nötige Leidenschaft mitbringen.

Eine Person, die Schwächen zugibt, ist per se nicht mutlos, pessimistisch oder negativ. Sie ist einfach realistisch und eine gute Führungspersönlichkeit.

Es soll hier nicht der Eindruck entstehen, Sie sollten beim kleinsten Widerstand die Flinte ins Korn werfen oder schon beim kleinsten Misserfolg aufgeben. Sie haben vielleicht schlechte Erfahrungen beim Delegieren von Aufgaben gemacht, weil Sie meinen, Sie können die Aufgabe selbst besser und schneller machen? Da fängt doch das Problem schon an! Es mag für den Einzelfall vielleicht noch stimmen, aber angesichts der Vielzahl der zu erledigenden Aufgaben wird es für Sie ohne Delegation von Verantwortung sehr schwer, Ihre Gesamtverantwortung wirksam zu bewältigen. Deshalb ist es wichtig zu erkennen, dass Sie Ihre Schwächen konsequent delegieren sollten. Wenn Sie das richtig machen, dann befähigen Sie Ihre Mitarbeitenden, Aufgaben und Verantwortung zu übernehmen. Sie machen damit Ihre Umwelt stärker und selbstbewusster, was sich auf Sie selbst positiv auswirken wird. Sie haben Raum und Zeit für neue Dinge, die Sie und Ihr Unternehmen weiter nach vorne bringen. Delegation von Schwächen bringt Ihnen folgende Vorteile:

- Sie können sich auf Ihre Kernaufgaben fokussieren und gewinnen deutlich mehr Freiräume für Dinge, die wirklich etwas bewegen.
- Sie stärken Ihr Umfeld und im Speziellen Ihre Mitarbeitenden, die ihre Potenziale besser ausschöpfen können. Das hilft auch bei der Erfüllung Ihrer Ziele.
- Ihre Mitarbeitenden können neue Fähigkeiten entwickeln, und Sie bringen sie zum Lernen. Sie selbst lernen neue Fähigkeiten von Ihren Kolleginnen und Kollegen.
- Sie arbeiten viel integrativer mit Ihrem Team, Sie loben und motivieren mehr – das ist gut!
- Sie fördern die Neugier und Kreativität Ihrer Belegschaft. Sie stärken das Selbstvertrauen und fördern die Zufriedenheit und den Grad der Selbstverwirklichung der Mitarbeitenden.

Wenn Sie sich entschieden haben, Ihre Schwächen zu delegieren, sollten Sie einen Plan haben, wie Sie Ihren Mitarbeitenden die Aufgaben, die Sie delegieren, so übertragen, dass diese auch die Chance haben, die angenommene Aufgabe erfolgreich ausführen zu können. Dazu benötigen sie ein exaktes Briefing von Ihnen: Sie müssen wissen, welche Erwartungen Sie an sie haben, und Sie müssen ihnen die Verantwortung klar und eindeutig übertragen, damit sie die Aufgaben auch in der Organisation durchführen und durchsetzen können. Wichtig ist, dass Sie das Delegieren von Verantwortungen in das Unternehmen kommunizieren, sodass jeder Betroffene Bescheid weiß und damit gut umgehen kann. Sie sollten die Fortschritte der Delegation unbedingt zeitnah überwachen. Das hat den Vorteil, dass Sie selbst reflektieren, ob das, was Sie delegieren, wirklich sinnvoll ist und ob es die gewünschten Ergebnisse bringt.

Dabei ist es wichtig, den richtigen Grad der Kontrolle zu finden. Überwachen Sie zum Beispiel zu viel, dann fühlen sich Arbeitskräfte gegängelt. Sie verlieren die Motivation und neigen dazu, die Aufgabe wieder zurück zu delegieren, was nicht in Ihrem Sinne sein kann. Kontrollieren Sie zu wenig oder überhaupt nicht, dann kann sich der Mitarbeitende alleine gelassen und unsicher fühlen. Der Mitarbeitende meint vielleicht, in die falsche Richtung zu gehen; es fehlen das wichtige Feedback und die Bestätigung, dass die delegierte Aufgabe auch in Ihrem Sinne erledigt wird.

Delegation ist ein Prozess: Diejenige Person, die delegiert, muss lernen, an welche Person sie welche Aufgabe und Verantwortung erfolgreich delegieren kann. Diejenigen Personen, die die Aufgabe und Verantwortung übernehmen, müssen erkennen, welche Aufgaben und Verantwortungen sie wirklich annehmen können und wie sie sie erfolgreich umsetzen können.

1.2.3 Konsequente Delegation von Verantwortung

Vertrauen ist ein wesentlicher Bestandteil der erfolgreichen Delegation von Aufgaben und Verantwortung. Um gut führen zu können, brauchen Sie das Vertrauen und den Respekt Ihrer Mitarbeitenden und Ihrer Vorgesetzten. Vertrauen stärkt automatisch Ihr Umfeld. Sich selbst zu vertrauen und sich selbst zu respektieren, ist eine wesentliche Voraussetzung für die Fähigkeit, vertrauensvoll führen zu können.

Vertrauen entsteht, wo Nähe ist. Das ist der Grund, warum Social Media in so kurzer Zeit so erfolgreich wurde. Das Edelman Trust Barometer von 2019 konstatiert Peer-Groups und Communities als besonders vertrauenswürdige Quellen (Edelman, 2019). Dahinter stehen Personen wie du und ich, Kollegen, Nachbarn oder Familien – das heißt, Sender und Empfänger kennen sich gut. Enge Zusammenarbeit ohne Vertrauen ist nicht wirklich denkbar. Sie können jedoch nicht „nur ein bisschen" Verantwortung delegieren.

Delegieren sollte man eine Aufgabe nur ganz oder gar nicht.

Dieser Fehler wird im Unternehmensalltag allerdings sehr oft gemacht. Sie müssen eine klar umrissene und eindeutig kommunizierte Aufgabe und Verantwortung delegieren, sonst ist die Person, die die Verantwortung übertragen bekommt, nicht in der Lage, sie erfolgreich zu übernehmen. Viele Führungskräfte tun sich damit schwer, vergeben nur nebulöse Teilverantwortungen, die noch dazu nicht exakt definiert und beschrieben sind. Das sorgt für Chaos im Unternehmen und Frust bei den Mitarbeitenden. Es empfiehlt sich daher, die AVK-Regel einzuhalten:

- „A" = Aufgabe delegieren,
- „V" = Verantwortung übertragen und
- „K" = Kompetenzen (im Sinne von „dürfen") zur Aufgabenerledigung einräumen.

Es lohnt sich, die Delegation von Aufgaben, Verantwortung und Kompetenz schriftlich zu formulieren und auch eine schriftliche Bestätigung des Commitments der Person einzuholen, die die Verantwortung übertragen bekommt. Delegation dient nicht nur dazu, sich Freiräume für die wirklich wichtigen Aufgaben zu schaffen. Sie ist auch ein ausgezeichnetes Führungsinstrument, gute Arbeitskräfte fordern und gleichzeitig fördert. Wenn Sie anderen Personen Zuständigkeiten übertragen, überlassen Sie ihnen auch Verantwortung – vorausgesetzt, Sie erteilen gleichzeitig auch die notwendigen Vollmachten. Achten Sie darauf, bevor Sie etwas delegieren.

1.2.4 Fehler zulassen und daraus lernen

Mit der Übertragung von Aufgaben und Verantwortung und der Einräumung von Kompetenzen verbunden ist ein wichtiges Thema, das sich näher zu analysieren lohnt. Es steht im Zusammenhang mit der Fähigkeit, „jemandem vertrauen" zu können. Fehler sind unvermeidbar, aber beileibe kein Selbstzweck. Wichtig ist die Fähigkeit, Fehler als solche zu erkennen und aus ihnen zu lernen. Das gilt sowohl für die eigenen Fehler als auch die Fehler der anderen! Begreifen Sie Fehler als Chance zur Verbesserung und stehen Sie zu Ihren Fehlern. Das gilt insbesondere auf den Gebieten, wo Sie und Ihr Unternehmen Neuland betreten. Da fehlt die notwendige Erfahrung, die man sich erst durch das Fehlermachen erarbeitet. Lernen heißt, Dinge zu erleben und neu zu erfahren. Der Zwang zum Perfektionismus lässt Fehler nicht zu, was uns dann wieder daran hindert, Fehler zu machen.

Delegation heißt, nicht einzugreifen, selbst wenn Sie sehen, dass der- oder diejenige, an den oder die Sie die Aufgabe delegiert haben, den einen oder anderen Fehler begeht. Das ist die härteste und am meisten herausfordernde Übung bei der Delegation.

 Das Zulassen von Fehlern ist elementar wichtig und schafft Räume für das Lernen, für Innovationen und neue Denkweisen von Menschen und Organisationen. Voraussetzung dafür ist eine angstfreie Unternehmenskultur.

Ohne Fehler kein wirklicher Fortschritt – insbesondere dann, wenn Sie in Ihrem Unternehmen den Prozess der Veränderungen stark vorantreiben! Ein grundsätzlicher Freifahrtschein für Fehler sollte daraus nicht abgeleitet werden. Das Ziel ist, aus Fehlern zu lernen, sie also nicht zu wiederholen, und keinesfalls eine Kultur des Scheiterns zu implementieren.

Folgende Tipps für eine funktionierende und angstfreie Fehlerkultur sind wichtig (in Anlehnung an Guenther Wagner, 2020):

- Jeder macht Fehler. Akzeptieren Sie Fehler. Ermutigen Sie Ihr Umfeld zur Selbstkritik und Reflexion. Seien Sie Vorbild und diskutieren Sie offen, ehrlich und fair die Fehler und die sich daraus ergebenden Chancen, Neues zu lernen.
- Fehler und Irrtümer weisen oft auf Lücken, Versäumnisse und Umsetzungsschwächen hin. Finden Sie mit gezielten Fragen an Ihr Team die Fehler heraus und lassen Sie sich praktikable Lösungen erarbeiten. Fordern Sie durchaus auf, mit Fehlern zu experimentieren, um gemeinsam die Effekte der Fehler zu erkennen und zu validieren. Natürlich von Ihnen überwacht!
- Bitten Sie andere bei der Fehlerbewältigung um Rat. Binden Sie das Team ein. Selbstreflexion braucht Übung, und Training ist eine gute Basis für das gemeinsame Lernen.
- Fordern Sie Ihr Team auf, Komfortzonen bewusst zu verlassen. Die sich aus diesem Prozess unweigerlich ergebenden Fehler werden Einsichten und Erkenntnisse in Veränderungen überführen und leiten die Mitarbeitenden zu einer Selbstentwicklung, die Ihnen und Ihrem Unternehmen gut tun wird.

 Wenn Sie glauben, Ihr Unternehmen sei frei von Fehlern, dann inszenieren Sie selbst einen Fehler und schauen Sie mal, wie Ihr Umfeld reagiert ☺.

■ 1.3 Synergieeffekte durch komplementäre Teams

Die Kenntnis Ihrer eigenen Stärken und Schwächen sowie die Ihrer Mitarbeitenden helfen Ihnen bei der Zusammensetzung von Teams. Komplexe Arbeitsprozesse werden immer öfter sehr erfolgreich in Teams abgewickelt. Eine Gruppe sollte dabei so zusammengesetzt sein, dass möglichst alle benötigten Stärken vertreten sind. Eigene Schwächen können komplementär durch die Stärken der anderen Teammitglieder aufgefangen und ausgeglichen werden. Die so entstehende Teamstruktur führt in der Regel zu sehr guten Ergebnissen. Warum? Weil jeder sein Know-how, seine Persönlichkeit und seine Präferenzen einbringen kann. Das macht Spaß und sorgt für hohe Motivation im Team. Alle tragen gemeinsam und gleichberechtigt zum Erfolg bei. Auf dieser grundlegenden Regel fußt eine optimale Zusammenarbeit.

Deshalb ist es wichtig, ein Stärken- und Schwächenprofil zusammen mit dem Mitarbeitenden zu erkennen und dieses Profil jedes Jahr mit ihm und ihr zu reflektieren, um die Weiterentwicklung zu berücksichtigen und eventuelle Defizite in eine Strategie zur Einstellung von neuen Mitarbeitenden einfließen zu lassen. Damit schaffen Sie strukturiert den Aufbau starker, komplementärer Teams.

 Nur wenn ein Team sich in den Stärken und Schwächen wahrhaftig ergänzt, wird es nachhaltige und erfolgreiche Ergebnisse liefern.

■ 1.4 Starke Führungspersonen haben starke Mitarbeitende

In der Praxis kommt es häufig vor, dass bei einer Beförderung unerwartet Probleme auftauchen. Manche Menschen, die aufsteigen und in eine neue Position wechseln, kümmern sich weiterhin um die Aufgaben ihres alten Jobs und erledigen die Aufgaben des neuen Jobs zusätzlich. Das ist weder für das Unternehmen sinnvoll noch für die- oder denjenigen, die oder der aufgestiegen ist. Vielmehr liegt darin oft ein Grund für das Scheitern. Denn auch die Person, die dem Beförderten nachfolgt, hat so keine Chance, sich richtig im Job zu etablieren, weil der Vorgänger immer noch mitmischt.

Ein Beispiel soll das illustrieren: Ein sehr erfolgreicher Sales Director wird zum Geschäftsführer ernannt. Dieser neue Geschäftsführer hängt aber nach wie vor an seiner alten Position. Häufig holt er sich – ob bewusst oder unbewusst, spielt keine Rolle – einen eher schwachen Sales Director aus der bestehenden Organisation oder stellt einen solchen neu ein. Dieser Mitarbeiter lässt dem neuen Geschäftsführer den Raum, alles beizubehalten, wie er es selber früher als Sales Director gemacht hat. Der Geschäftsführer hat somit weiter seine Hand im Spiel, er kann Verkaufsaktivitäten mitbestimmen. Aber sein Fokus liegt dann eben nicht auf seinen neuen und vordringlichen Aufgaben. Damit wird er seiner neuen Position nicht gerecht.

 Verantwortlichkeiten müssen klar geregelt sein!

Starke Führungspersonen umgeben sich mit starken und selbstbewussten Kolleginnen und Kollegen. Schwache Führungspersonen bevorzugen absichtlich oder unabsichtlich schwache Mitarbeitende, um sich selbst stärker zu fühlen, als sie sind. Oft genug fürchten sie die Konkurrenz oder den Nachfolger. Folglich haben sie kein Interesse daran, Führungspotenzial bei anderen zu erkennen und zu fördern. Häufig führt ihre mangelnde Souveränität dazu, dass sie eher Misserfolge vermeiden wollen als Erfolge anzustreben. Sie brauchen keine Kritik und keinen Widerspruch zu befürchten und fühlen sich sicher.

Doch das sind lediglich lebenserhaltende Maßnahmen, um sich selbst in seiner Schwäche für eine bestimmte Zeit in der Struktur am Leben zu erhalten. Mit verantwortungsvollem, zielgerichtetem und nachhaltigem Führungsverhalten hat das nichts zu tun.

Erfolgreiche Leitende wissen, dass sie nicht mit allen Sparten ihres Unternehmens en détail vertraut sein können. Sie können damit leben, dass sie selbst in wichtigen Bereichen keine oder nicht allzu viel Durchblick haben. Dafür engagieren sie schließlich fähige Arbeitskräfte. Recht so! Ein intelligenter Mensch ist so klug, Leute anzustellen, die viel gescheiter sind als er.

1.4.1 Auf die Stärken der Mitarbeitenden setzen

Erfolgreiche Managerinnen und Manager konzentrieren sich nicht nur auf die Steigerung der Produktivität. Sie berücksichtigen auch nicht nur die zur Verfügung stehende Zeit und die vorhandenen Ressourcen. Vielmehr fokussieren sie in großem Umfang auf die Kompetenz ihrer Mitarbeitenden und nehmen

Rücksicht auf die Persönlichkeiten und Persönlichkeitsstrukturen der Menschen, mit denen sie zusammenarbeiten.

Dazu brauchen Sie eine gehörige Portion Empathie, also die Fähigkeit, sich in andere Menschen hineinzuversetzen. Talente und Defizite im Team sollten Sie nach denselben Kriterien unter die Lupe nehmen wie Ihre eigenen Stärken und Schwächen. In der Regel ist es immer leichter, die Schwächen der anderen zu benennen als die eigenen. Deshalb habe ich weiter oben geraten: Fragen Sie zu sich selbst auch andere Menschen.

Wer die Schwächen eines Mitarbeitenden erkannt hat, ist hochgradig gefährdet, sich an ihnen festzubeißen. Es ist nur allzu verführerisch, sich durch Analyse eines Defizits von der Entwicklung eines Potenzials abhalten zu lassen. Aber das ist der falsche Ansatz und ebenso unproduktiv wie der Versuch, nur an den eigenen Schwächen zu arbeiten und die Stärken zu ignorieren.

Theaterregisseure geben daher auch Anfängern eine Chance. Vor allem aber legen sie einen Schauspieler nicht gegen seinen Willen und seine Persönlichkeit auf einen bestimmten Typen fest. Gute Regisseure und Regisseurinnen sind flexibel. Wenn der tragische Held den dringenden Wunsch äußert, lieber eine komische Rolle zu übernehmen, blockieren sie diesen Vorschlag in aller Regel nicht von vornherein. Sie sondieren zuerst das Potenzial: Könnte der Schauspieler oder die Schauspielerin auch diese Rolle ausfüllen? Regisseure gehen spielerisch und kreativ mit den Fähigkeiten ihrer Akteurinnen um und lassen Experimente zu. Wozu gibt es schließlich Proben?

Gehen Sie daher achtsam und sensibel bei der Analyse und der Entwicklung der Fähigkeiten der Mitarbeitenden vor. Dies ist eine wichtige und dauerhafte Tätigkeit, die für die Zukunft des Unternehmens von enormer Bedeutung ist. Es liegt an Ihnen, die Stärken Ihres Personals zu fördern und sie optimal einzusetzen.

Bei der persönlichen Einschätzung von Mitarbeiterpotenzialen können leicht Fehler unterlaufen. Deshalb sollten Sie darauf achten, gerade in diesem sensiblen und wichtigen Punkt verlässliche und kluge Gesprächspartner im Unternehmen zu haben. Dafür bietet sich aus naheliegenden Gründen die Personalabteilung an.

 Delegation dient nicht nur dazu, sich Freiräume für die wirklich wichtigen Aufgaben zu schaffen. Sie ist auch ein Mittel, gute Mitarbeitende zu fordern und zu fördern. Wer anderen Zuständigkeiten überträgt, überlässt ihnen auch einen Teil der Verantwortung – vorausgesetzt, er erteilt gleichzeitig auch die dafür notwendigen Vollmachten.

Bevor Sie etwas delegieren, müssen Sie die Stärken Ihrer Mitarbeitenden erkennen. Wie finden Sie Menschen, die stark sind und an die Sie erfolgreich delegieren können? Da gibt es viele Möglichkeiten, die aber oft nicht in Betracht gezogen werden, obwohl sie offensichtlich sind:

- Analysieren Sie das eigene Team nach Stärken und Talenten, und Sie werden sehen, dass es viel mehr Juwelen unter den Mitarbeitenden gibt, als Sie denken. Geben Sie jungen Talenten die Chance, mehr Verantwortung zu tragen, statt gleich zum Telefonhörer zu greifen und den teuren Headhunter anzurufen. Das ist auch ein Zeichen für Ihre Mitarbeitenden, dass sie die reelle Chance haben, ihre Karriere im Unternehmen weiterzuentwickeln! Klar ist, dass Sie dann selbst mehr Zeit aufwenden müssen, um die Talente zu coachen und zu fördern. Doch dieses Investment in Form von Zeit und Geduld rentiert sich fast immer.
- Wenn Sie zu der Überzeugung gekommen sind, dass Sie die erforderlichen Skills nicht im eigenen Unternehmen haben, dann sollten Sie eine Person mit genau diesen Fähigkeiten einstellen – und zwar schnellstmöglich. Entscheidungsprozesse dauern oftmals viel zu lange und bestimmte wichtige Innovationen werden dadurch nicht umgesetzt. Es empfiehlt sich, bei Bewerbungsgesprächen unterschiedliche Personen aus dem Unternehmen einzubinden. Der Entscheidungsprozess muss aber zeitlich sehr eng getaktet sein, damit der am Ende ausgesuchte Kandidat nicht woanders zusagt.
- Und wenn Sie auf dem Markt keine entsprechenden Mitarbeitenden finden, dann sollten Sie analysieren, ob Sie das Thema nicht auslagern können – insbesondere bei komplexen Sachverhalten. Das ist zwar der schwierigere Weg, kann Ihnen aber in dem einen oder anderen Fall dabei helfen, keine Handlungsgeschwindigkeit zu verlieren.

1.4.2 Die sieben Stufen der Entscheidungsfindung

In seinem Buch „Management 3.0" stellt der niederländische Autor und Unternehmer Jurgen Appelo (2010) einen systemischen Führungsstil vor, der Organisationen als komplexe soziale Systeme versteht und durch vielfältige konkrete Praktiken die Bedürfnisse und Fragen agiler und moderner Unternehmen adressiert. In seinem Konzept definiert er sieben Stufen der Entscheidungsfindung (Bild 1.2).

Stufe 1	„Tell"	Sie entscheiden selbst und erläutern Ihre Beweggründe.
Stufe 2	„Sell"	Sie entscheiden und erklären Ihre Entscheidungen und überzeugen die anderen, dass Sie für sie die richtige Wahl getroffen haben.
Stufe 3	„Consult"	Sie lassen sich von Ihren Mitarbeitern beraten, berücksichtigen die verschiedenen Ansichten und entscheiden danach selbst.
Stufe 4	„Agree"	Sie führen eine Diskussion mit allen Beteiligten und einigen sich mit einem Konsens. Ab dieser Stufe geben Sie die Entscheidung mit in andere Hände.
Stufe 5	„Advise"	Sie beraten die Mitarbeiter, und die Mitarbeiter entscheiden danach selbst.
Stufe 6	„Inquire"	Die Mitarbeiter entscheiden selbständig und erklären Ihnen anschließend, weshalb sie so entschieden haben.
Stufe 7	„Delegate"	Sie delegieren die Entscheidung komplett in den Aufgabenbereich der Mitarbeiter und wollen auch die Details der Entscheidungsfindung nicht wissen.

Bild 1.2 Sieben Stufen der Entscheidungsfindung (Appelo 2010): von hierarchischer zu selbstorganisierter Entscheidungsfindung

Bei der Delegation von Verantwortung und Aufgaben kann es zu Konflikten zwischen Führungskraft und Belegschaft kommen. Deshalb arbeiten Unternehmen, die ihre Entscheidungskultur besonders transparent machen wollen, mit einem „Delegation Board". Dabei handelt es sich um eine Übersicht, in der geregelt wird, wie und wer entscheidet. Diese Übersicht wird allen Mitarbeitenden zur Verfügung gestellt. Führungskräfte fürchten oft einen Kontrollverlust, wenn sie Teams die Möglichkeit der Selbstorganisation übertragen. Und besonders aktive und kreative Mitarbeitende wissen häufig nicht, wie sie sich selbst organisieren sollen. Das Delegation Board ermöglicht es den Teams, die Übertragung von Aufgaben und Projekten zu klären und damit das Verantwortungsbewusstsein der Führungskräfte und Belegschaft zu fördern.

Die sieben Stufen der Entscheidungsfindung helfen, das breite Spektrum zwischen grenzenlosem Vertrauen und totaler Kontrolle zu verstehen, den Prozess der Entscheidungsfindung zu strukturieren und dabei Klarheit bei den Mitarbeiterinnen und Mitarbeitern herzustellen. Eine gängige Praxis ist, das Board immer wieder zu prüfen, den aktuellen Gegebenheiten anzupassen und damit die Delegationsstufe zu verändern. Das Kartenspiel „Delegation Poker" ist ein hilfreiches Instrument, um in einem vorher definierten Umfeld Entscheidungen und Aufgaben des Teams zu organisieren. Jedes Teammitglied wählt zu einem bestimmten Aufgabengebiet eine Karte. Zur Auswahl stehen die Delegationslevel 1 bis 7. Im Anschluss werden die gelegten Karten im Team diskutiert, um zu einer Lösung zu kommen.

2 Die Erfolgsstrategie der Fokussierung: Auf die richtigen Angebote setzen

Viele erfolgreiche Manager und Managerinnen machen die Erfahrung, dass es viel einfacher und befriedigender ist, eine Strategie und eine Wertanalyse für erfolgreiche Produkte und Services zu erstellen, als sich mit den Problemkindern zu befassen. Der Grund dafür liegt darin, dass in der Regel die besten Fähigkeiten und das meiste Wissen des Unternehmens in die Erfolgsprodukte fließen.

Daher ist es sinnvoller, sich auf die Verbesserung erfolgreicher Produkte und Dienstleistungen zu konzentrieren, als neue Produkte auf den Markt zu bringen, deren Potenzial ungewiss ist. Erfolgreiche Produkte treffen sehr genau die Bedürfnisse der Kunden, werden von den Kunden entsprechend für nützlich und wertvoll gehalten und sind verantwortlich für die höchsten Umsätze und Deckungsbeiträge. Stärken ausbauen ist auch hier die einzig effektive Devise.

Sich auf das Wesentliche zu konzentrieren, ist im Management deshalb so zentral, weil kein anderer Beruf so stark und systematisch den Gefahren der Verzettelung und der Zersplitterung der Kräfte ausgesetzt ist. Die Fokussierung auf Prioritäten ist auch notwendig, weil die Komplexität, der Grad der Vernetzung und der Interaktivität täglich wächst.

 Analysieren Sie gründlich und kritisch – wenn möglich einmal im Quartal, aber mindestens einmal im Jahr – in einem dafür extra aufgesetzten dynamischen und transparenten Prozess: das gesamte Portfolio anhand der Entwicklung der betriebswirtschaftlichen Kennzahlen und der Akzeptanz bei den Kunden.

Dabei lohnt es sich, regelmäßig strukturierte Kundenbefragungen durchzuführen. Daraus ergeben sich wertvolle Informationen, ob und wo der Kunde bei dem Produkt oder der Dienstleistung noch Chancen der Verbesserung sieht. Es ist die Aufgabe des Managements, zu entscheiden, ob es sich lohnt, diese auch zu implementieren, oder ob es nicht besser ist, sich von dem Produkt zu verabschieden. Und zwar sofort. Es wird nach wie vor viel zu viel Zeit aufgewendet, um vom Kunden nicht (mehr) akzeptierte Produkte am Leben zu erhalten, anstatt die ausgetretenen Pfade zu verlassen und zusammen mit dem Kunden neue Produkte und Dienstleistungen zu entwickeln.

Das Festhalten an veralteten Produkten ist ineffizient und kann ein ganzes Unternehmen oder Teile davon lahmlegen und die Belegschaft frustrieren. Hier fehlt den Leitenden oft der Mut, den Stopp des Produkts oder des Services sehr schnell zu beschließen. Das ist falsch, aber verständlich: Sind doch mit dieser Art von Entscheidungen fast immer unangenehme Begleiterscheinungen wie kostspielige Abschreibungen und Restrukturierungsmaßnahmen verbunden.

 Häufig rechnet sich die Einstellung der Produkte oder der Services bereits mittelfristig und sorgt für Freiräume für Innovationen. Zudem eröffnen sich Chancen auf neue und effizientere Prozesse.

■ 2.1 Aufräumen des Portfolios

2.1.1 Sich auf Profitables konzentrieren

Ordnen Sie jedes einzelne Produkt und jede Dienstleistung abhängig vom Kundennutzen und dem Wert für Ihr Unternehmen nach Umsatz und Profit einer der folgenden drei Gruppen zu (Bild 2.1):

1. *Profitable Produkte/Dienstleistungen/Geschäftsfelder:* In diese Kategorie gehören alle Produkte, die einerseits die Gewinn-Marge erzielen, die Sie vorher definiert haben, und die andererseits gute Wachstumschancen haben. Denn nur mit einem entsprechenden Wachstum kommen Sie auf eine vernünftige Skalierung des betriebswirtschaftlichen Erfolgs, auf den alle erfolgreichen Produkte und Geschäftsmodelle aufgebaut sind. Das kann dann für Sie nur heißen: Fokussieren Sie ausschließlich auf die erfolgreichen und vom Kunden stark nachgefragten Produkte/Services. Machen Sie diese Produkte/Services noch besser, indem Sie sie sehr nah am Kunden konsequent und strukturiert weiterentwickeln. Ihr Anspruch sollte dabei stets sein, das Nummer-1-Produkt auf dem Markt zu entwickeln.

2. *Produkte/Geschäftsfelder mit einem wichtigen strategischen Wert:* Nur wenige Produkte und Serviceangebote können einen solch großen strategischen Wert für Ihr Unternehmen haben, dass sie es wert sind, auf Kosten der Profitabilität einige Zeit mitgeschleppt zu werden. Prüfen Sie also sehr

genau zusammen mit Ihren Kunden und Ihrem Personal, wie realistisch Ihre Erwartungen an die Produkte tatsächlich sind und wie lange es dauern wird, bis sich das Investment amortisiert hat und Gewinne abwirft. Entwickeln Sie Pläne zur Erfolgskontrolle, und verabschieden Sie diese mit Ihren Mitarbeitern und Mitarbeiterinnen, damit Sie klare Entscheidungen treffen können, die für alle nachvollziehbar sind, wenn Sie zu der Ansicht kommen, das Produkt endgültig zu stoppen. Wenn Sie in dem einen oder anderen Fall unsicher sind, dann sollten Sie schnell die Entscheidung treffen, sich von diesem Produkt radikal zu trennen, um die dann freiwerdenden Kräfte auf die Gewinnbringer zu fokussieren.

3. *Nicht profitable und nicht wachsende Produkte/Geschäftsfelder:* In fast jedem Portfolio von Geschäftsfeldern oder Produkten/Services verbergen sich mittel- oder sogar langfristige Verlierer. Häufig sind es Steckenpferde der Geschäftsleitung und Pilotprojekte, die unprofitabel bleiben. Meist halten die Führungskräfte auf allen Ebenen aus Tradition, Anhänglichkeit oder Bequemlichkeit zu lange an diesen Verlierern fest, ohne dass es eine realistische Chance gibt, dass sich die Treue jemals rechnen wird. Es ist bequemer, nicht zu entscheiden, als Entscheidungen zu treffen, die auf Widerstand stoßen oder die einen oder anderen Unannehmlichkeiten und Zusatzkosten verursachen können. Da Arbeitskraft und Zeit knappe Ressourcen sind, kommt es darauf an, Zeit und Raum zu schaffen für innovative Geschäftsbereiche, Produkte oder Services. Nur so haben Sie die Chance, die Lücke der Verlierer nicht nur zu füllen, sondern sogar zu überkompensieren und neue Umsatzströme zu erschließen.

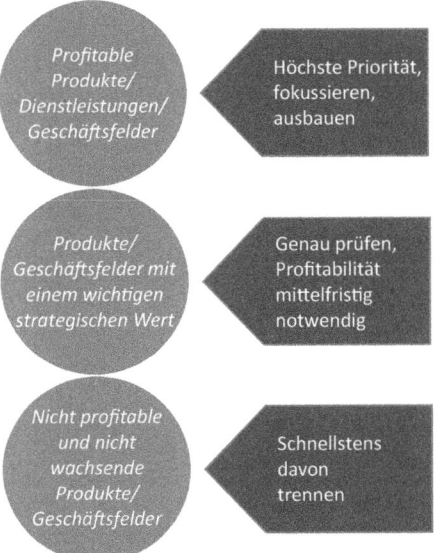

Bild 2.1
Drei Gruppen der Profitabilität

2.1.2 Dinge konsequent weglassen, um Freiräume für Neues zu schaffen

Die meisten Manager und Managerinnen tun sich sehr schwer damit, Produkte oder Services einfach zu streichen. Sie meinen, dass man mit der bloßen Erhöhung der Anzahl der Aktivitäten zwangsläufig die Umsätze steigern könne. Was auf dem Papier auf den ersten Blick richtig scheint, erweist sich jedoch nach eingehender Zahlenanalyse als Irrweg: Die Beschäftigten verschwenden nämlich einen Teil der Arbeit für die unproduktiven Bereiche des Unternehmens. Alle beklagen sich, dass die Arbeitsbelastung wächst, aber niemand hat den Mut, Dinge gezielt wegzulassen. Das ist ineffizient. Wer will denn schon seine wertvolle Arbeitskraft in Dinge stecken, die dem Unternehmen keinen Ertrag bringen? Das macht weder Spaß noch motiviert es. Vielmehr verursacht es negative Stimmung und verhindert nachhaltiges Handeln!

Also trennen Sie sich konsequent von Geschäftsfeldern, Produkten und Dienstleistungen, die mittel- und langfristig keinen Profit erzielen. Es sei denn, Sie haben stichhaltige strategische Gründe, die für eine Fortführung sprechen. Dann sollten Sie dennoch einen konkreten Zeitplan verabschieden, der Ihnen und Ihren Mitarbeitenden aufzeigt, wann diese Aktivtäten gestoppt werden. Trennen Sie sich auch von Projekten und Prozessen, die zu langsam, zu kompliziert und zu wenig kundenorientiert sind. Und es kommt noch radikaler: Stellen Sie alle Aktivitäten, die keine strategische und nachhaltige Steigerung der Wertschöpfung des Unternehmens bringen, auf den Prüfstand. Das können Aktivitäten ohne klares Alleinstellungsmerkmal sein oder Produkte, die der Kunde zwar noch nachfragt, aber nicht mehr in rentabler Menge. Dazu gehören auch Aktivitäten, die in Zukunft nicht mehr hilfreich sind, um die strategischen und operativen Ziele des Unternehmens zu erreichen.

2.2 Marktforschung als Dauereinrichtung etablieren

Die Bedürfnisse der Kunden und die Märkte verändern sich immer schneller, sodass Sie und Ihr Personal schlicht keine Zeit vergeuden sollten, sich mit auslaufenden Aktivitäten zu beschäftigen. Das erfordert gelegentlich einen harten Schnitt. Doch so schaffen Sie Freiräume, die es Ihnen und Ihren Mitarbeitenden ermöglichen, wertvolle Zeit und Energie darauf zu lenken, sich mit den neuen Anforderungen des Marktes auseinanderzusetzen. Analysieren Sie radikal und strukturiert gemeinsam mit Ihren Kollegen und Kolleginnen mindestens alle sechs Monate die betriebswirtschaftlichen und strategischen Geschäftsbereiche, Produkte und Services und setzen Sie die sich daraus ergebenden Konsequenzen zügig um.

Das zu tun, ist weit besser und sinnvoll genutzte Zeit, selbst wenn es kurzfristig für alle Beteiligten etwas unbequem ist, aber es wird sich lohnen. Ihre Führungs- und Arbeitskräfte werden es Ihnen danken, da jetzt jedem mehr Zeit zur Verfügung steht, den Fokus auf die Dinge zu richten, die bereits erfolgreich auf dem Markt etabliert sind oder auch um neue, vielversprechende Dinge auf dem Markt zu testen.

> Jedes erfolgreiche Unternehmen braucht Zeit und Kreativität, um neue Produkte und Aktivitäten zu entwickeln und zu testen. Sie können diesen Prozess optimieren, indem Sie Ihre unrentablen Produkte und Services schneller verabschieden. Daher sollte permanente und gut strukturierte Markt- und Konkurrenzbeobachtung Bestandteil Ihrer täglichen Arbeit sein.

Die Organisation immer wieder durch gezielte Forschung auf die Bedürfnisse der Kunden auszurichten, ist nicht alleine zu schaffen. Es gelingt nur, wenn sich alle im Unternehmen Mitarbeitende in diesen Prozess einbringen. Unterschätzen Sie dabei nicht den Wert nachhaltiger und akribischer Marktforschung: Jede Information, die Sie von Ihren Kunden erhalten können und die Sie nur Tage oder Wochen vor dem Mitbewerber erfahren, zahlt sich in Zeit- und Geldersparnis aus. Jedes Wissen, über das Sie und Ihr Personal vor dem Wettbewerb verfügen, macht Sie und Ihre Organisation schneller, agiler und bringt Sie beim Aufbau neuer USPs (Unique Selling Propositions, Alleinstellungsmerkmale) für Ihre Produkte und Services weiter.

Marktforschung (Bild 2.2) generiert nachvollziehbare Ergebnisse. Diese können unbequem sein und zum Handeln zwingen. Aber sie liefern Ihnen nachvollziehbare Argumente, warum eine Veränderung notwendig ist. Marktforschung wird in den nächsten Jahren immer weiter digitalisiert und automatisiert. Damit kann sie schnellere und bessere Ergebnisse entlang der gesamten Customer Journey liefern. Die computergestützte Marktforschung analysiert heute bereits interne und externe Daten in einem Umfang, wie es Menschen allein nie leisten könnten. Anhand dieser Analysen lassen sich Zusammenhänge entdecken, die sonst verborgen blieben – und das alles geschieht schneller, einfacher und effizienter als je zuvor.

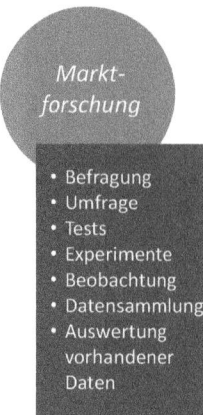

Bild 2.2
Möglichkeiten der Marktforschungen nutzen

Die Marktforschung wird den Unternehmen immer mehr Services auf der Basis von Data Science und Augmented Intelligence bieten, die weit über das reine Datensammeln hinausgehen. Augmented Intelligence erweitert und unterstützt die menschliche Intelligenz mithilfe von künstlicher Intelligenz. Die von Computern bereitgestellten Ergebnisse und Analysen von Daten ermöglichen schnellere und präzisere menschliche Entscheidungen. Im Gegensatz zur künstlichen Intelligenz, bei der Maschinen auf der Basis des zuvor trainierten Wissens entscheiden, belässt Augmented Intelligence die Entscheidungsfindung vollständig dem Menschen. Sie soll das menschliche Denken und das Treffen richtiger Entscheidungen lediglich unterstützen. Ziel ist es, die Kunden und ihre Bedürfnisse besser zu verstehen. Daraus lassen sich Chancen für neue Produkte und Services ableiten und durch kontinuierliche Überwachung der Fortschritte und Optimierung der Entscheidungen nachhaltiges Wachstum generieren.

Heute können Unternehmen jedoch auch auf die Qualität von Small-Data-Analysen setzen. Die Informationsmengen sind im Vergleich zu Big Data deutlich geringer und einfacher zu strukturieren. Deshalb lassen sich solche Datenpakete schneller verarbeiten und leichter für die Anwender aufbereiten. Small-Data-Analysen liefern Echtzeitinformationen und bieten den Anwendern eine aktuelle und zuverlässige Grundlage für Produkt- und Marketingentscheidungen, indem sie künftige Anforderungen der Kunden identifizieren oder ihre Marktposition weiterentwickeln können.

Für Small-Data-Analysen bieten Dienstleister leistungsfähige Tools an, die Datensätze aus den verschiedensten Quellen und aller Formate auf semantischer Ebene durchforsten – von Onlinetexten auf Unternehmenswebseiten über Expertenblogs bis zu digitalen Werbeflyern. Wichtige Voraussetzung, damit diese

Tools gute Ergebnisse liefern, sind präzise Fragestellungen und eine intelligente Kontextsuche. Gesucht wird nicht nur nach Keywords, sondern nach Konzepten. Die Analysten definieren Sinnzusammenhänge statt einzelner Begriffe sowie deren Synonyme und Akronyme. Mithilfe von künstlicher Intelligenz lernt das System, Texte ganzheitlich zu verstehen und im Laufe einer Suche immer intelligenter aufzuschlüsseln. So lassen sich auch versteckte Botschaften in Textnachrichten finden oder Korrelationen abbilden.

 Tauschen Sie sich mit Mitbewerbern und Ihren Marktpartnern regelmäßig aus!

Menschen haben oft Schwierigkeiten, sich mit den wichtigsten Konkurrenten, Kunden und Noch-nicht-Kunden sowie anderen wichtigen Marktteilnehmern auszutauschen. Angst ist hier wie überall ein schlechter Berater. Mut zum Austausch fördert den erfolgreichen Ausbau Ihres Unternehmens und Ihrer beruflichen Handlungsstärke. Es nicht zu tun, ist unsinnig und ineffizient. Je früher Sie wissen, was im Markt läuft, desto besser ist es für Sie und Ihre Kolleginnen und Kollegen.

Je eher Sie neue schwache Signale aus dem Markt erlauschen, desto schneller und aktiver können Sie darauf reagieren – und das ist sehr oft die Voraussetzung dafür, Dinge besser oder ganz anders zu machen. Wichtig dabei ist, dass Sie in Ihrer Organisation dafür sorgen, dass der Prozess der Marktforschung strukturiert abläuft. Das mittels Marktforschung und Austausch gewonnene Wissen muss sofort durch die ganze Organisation zirkulieren, das Feedback darauf gesammelt und darauf basierend Entscheidungen getroffen werden.

2.3 Priorisierung des Produkt-/Service-Portfolios

Nachdem Sie analysiert haben, was Ihre Stärken und die Stärken Ihres Unternehmens sind und eine Liste aller Stärken erstellt haben, kommt nun die schwierigste Arbeit: Die Priorisierung dieser Stärken sowie das Herausfiltern der Kernkompetenzen. Die folgenden Fragen bringen Sie weiter:

- Bieten die Produkte und Dienstleistungen die vom Kunden gewünschte Qualität, und werden sie das auch zukünftig bieten? Stimmen die Aktivitäten mit der bisher erfolgreichen Bearbeitung der Key-Kundensegmente überein?

- Haben Sie das relevante interne oder externe Know-how, die Innovationsfähigkeit, das geeigneten Team sowie Ressourcen? Wenn nicht, wie können Sie das Know-how effizient einkaufen?
- Sind die Prozesse effizient organisiert? Haben Sie zur Realisierung der Prozesse die geeigneten Technologien, die adäquaten technischen Plattformen und die richtigen Tech-Tools, um die Produkte und Dienstleistungen in enger Verbundenheit mit den Kunden weiterzuentwickeln oder abzuwickeln?

Vermeiden Sie es, einem funktionierenden Unternehmensbereich pauschal generelle Schlüsselstärken zuzuweisen. Die Analyse muss im Detail geschehen: für jedes Produkt, jeden Mitarbeitenden, jede Funktion, jeden Prozess und jedes Kundenbedürfnis. Alles gehört auf den Prüfstand: Was genau macht die Qualität des Produkts aus? Warum schätzen es die Kunden? Sind es die engagierten und kreativen Mitarbeitenden? Ist es die erstklassige Struktur der Organisation? Welche Rolle spielt die Technologie? Liegt der Vorteil an der engen Anbindung an die anderen Unternehmensbereiche? Werden die Kunden und andere Marktpartner in die Entwicklung neuer Produkte und Services ausreichend eingebunden? Sind die Produkte und Services nachhaltig für die Kunden und für das Unternehmen, in dem sie für das Unternehmen mittel- und langfristig profitabel sind? Lockt die gelebte Unternehmenskultur hochqualifizierte Fachleute an? Ist das Unternehmen so strukturiert, dass jeder Geschäftsbereich schnell und agil auf die sich verändernden Kundenbedürfnisse reagieren kann?

■ 2.4 Konzentration auf Kernkompetenzen

Wenn Sie diese Fragen gemeinsam mit Ihrem Führungsteam, den relevanten Mitarbeitenden und mit den Kunden beantwortet haben, dann gilt es herauszufinden, ob sich mit diesen Kernstärken auch morgen noch Gewinne erzielen lassen. Anders gefragt: Welche Maßstäbe und Kriterien legen Sie an, damit Ihre Entscheidung oder die Ihres Teams zukunftsfähig wird und nicht ausschließlich an die Gegenwart gebunden ist? Die Antworten schützen Sie davor, in ein paar Jahren entsetzt feststellen zu müssen, dass Sie und Ihr Team auf das falsche Pferd gesetzt haben. Warum zum Beispiel war Deutschland über viele Jahrzehnte hinweg Exportweltmeister? Richtig: Es lag und liegt unter anderem an den vielgerühmten Leistungen der deutschen Ingenieure. Doch schon bei der wichtigsten Schlüsselindustrie, der Automobilbranche, kommen mittlerweile erhebliche Zweifel auf, ob die US-amerikanische und chinesische Konkurrenz nicht wesentlich schneller bei der Entwicklung von E-Autos ist. Zahlreiche europäische Automobilunternehmen scheinen hier die eine oder andere Entwicklung verschlafen zu haben.

Womit wir wieder bei dem Thema „Mut zum Weglassen" sind, besonders wenn alte Geschäftsmodelle offensichtlich ihr Ende erreichen. Es ist sehr wichtig, bei starken Innovationsschritten sich selbst gnadenlos Konkurrenz zu machen und mit einem neuen Geschäftsmodell durchzustarten, selbst wenn das tradierte Business noch kurz- und mittelfristig Gewinne erwirtschaftet. Es ist oftmals fatal zu sehen, dass Unternehmen und deren Führungskräfte nicht den nötigen Mut haben, sich selbst herauszufordern. Stattdessen überlassen sie die großen Innovationsschritte der neu aufkommenden Konkurrenz. Bei Innovationssprüngen sitzt derjenige, der den Mut hat, die Marktposition konsequent als Erster zu besetzen und den Markt aggressiv zu durchdringen, mittel- und auch langfristig am längeren Hebel. Er kann so wesentlich schneller Marktanteile gewinnen und schnell und stark wachsen.

Disruption und schöpferische Zerstörung stellen insbesondere in tradierten Mustern agierende Unternehmen vor die große Herausforderung, erneut Innovationssprungkraft zu erlangen. Das geht nur, wenn man beim Erkennen neuer Bedürfnisse existierender und/oder neuer Kunden die Nase vorn hat. Dabei kommt es jedoch darauf an, dass die Unternehmen zu Beginn des Prozesses nicht das alte und das neue Geschäftsmodell vermischen und somit in beiden Geschäftsfeldern weder fokussiert noch nachhaltig noch mit der nötigen Geschwindigkeit handeln. Dahinter steht die unrealistische Hoffnung, dass man hier vom Start weg Synergien heben könnte. Das ist aus dem Blickwinkel der stets geforderten Fokussierung jedoch falsch: In diesem Fall beginnt man besser am Reißbrett und gründet eine neue und unabhängige Business Unit. Sie kann mit einem neuen Geschäftsmodell und innovativen Ideen, Strukturen sowie mit neuen Mitarbeitenden mit anderen und neuen Skills durchstarten.

Nur so können Sie gewährleisten, dass sich das neue Geschäftsmodell nachhaltig und erfolgreich entwickelt und dass Sie so die Chance haben, mit Ihrer Idee die neue Marktnische sehr schnell und erfolgreich zu besetzen. Außerdem gewinnen Sie die Möglichkeit, das neue Geschäftsmodell betriebswirtschaftlich analysieren zu können. Damit verschaffen Sie sich zusätzlich einen klaren Überblick über die notwendigen Ressourcen.

Erst wenn Sie Ihre Ziele für den neuen, separat agierenden Geschäftsbereich erreicht haben, sollten Sie darüber nachdenken, wie Sie die Synergien zwischen altem und neuem Geschäftsmodell nutzen können. Oder wie Sie das alte Modell langsam zugunsten des neuen Geschäftsmodells auslaufen lassen und in das neue Modell überführen. Dies trifft insbesondere zu, wenn Ihr Unternehmen sehr viel tradiertes Geschäft hat und der Zwang zur Transformation hoch ist – was auf die meisten Unternehmen zutreffen dürfte.

 Bauen Sie das neue Geschäft parallel, aber getrennt vom bisherigen auf. Erst wenn das neue Geschäft erfolgreich läuft, sollten Sie über das Auslaufen oder sogar das Beenden des alten Business zugunsten des neuen Geschäftsmodells nachdenken. Entwickeln Sie den Mut, sich selbst Konkurrenz zu machen!

■ 2.5 Ziel: Marktüberlegenheit gewinnen

Wie schnell sich Märkte verändern, kann man an der Automobilentwicklung sehen. In den 1970er-Jahren rollten japanische Hersteller wie Toyota und Nissan den europäischen und den nordamerikanischen Markt auf, dann drangen koreanische Marken wie Hyundai und Kia auf die westlichen Märkte. Heute fordert der US-amerikanische Autobauer Tesla mit einem smarten digitalen und elektrischen Ansatz die Autoindustrie heraus, und schon bald werden die zahlreichen chinesischen Start-ups Marktanteile mit innovativen und konkurrenzfähigen Autos und darin enthaltener Technologie gewinnen. Alle Autobauer müssen sich, den Mitarbeitenden und den Kunden klar machen, wie sie sich von ihren Wettbewerbern unterscheiden. Sie sollten sich nämlich über eine Sache sehr klar sein:

 In einer vielfältigen und komplexen Welt kann kein Unternehmen mit Produkten und Services ohne ein klar sichtbares und einzigartiges Nutzenversprechen langfristig überleben!

Das ist eine Tatsache, die Sie und Ihre Belegschaft erst einmal verinnerlichen müssen. Deshalb ist es wichtig, dass Sie mit Ihren Mitarbeitenden, Ihren Kunden und Ihrem näheren und weiteren Umfeld hart daran arbeiten, Produkte und Services mit klar definierten USPs zu entwickeln und diese Pferdestärken dann auch auf die Straße zu bringen. Produkte und Services, die kein einzigartiges Nutzenversprechen haben, können vielleicht ein Portfolio abrunden, tragen aber nicht mehr zur Steigerung der Zukunftsfähigkeit Ihres Unternehmens bei. Und da helfen auch keine kernigen Marketingsprüche, die die Kunden mit Pseudoalleinstellungsmerkmalen in hoher Frequenz bombardieren. Vielen Unternehmen fällt es sehr schwer, den Sinn und Zweck ihrer Tätigkeit kurz und prägnant auf einen Nenner zu bringen, geschweige denn auch zu leben.

Die Entwicklung der Einzigartigkeit der Vision und des Daseins Ihres Unternehmens unterstützt Sie gedanklich, Ihnen und Ihrer Umwelt klar zu machen, wofür Sie und Ihr Unternehmen wirklich stehen. Vision und *Purpose* sind dabei eng miteinander in Beziehung stehende und sich gegenseitig verstärkende Begriffe. Sie beschreiben den langfristigen Markenkern, die Marktpositionierung und die Alleinstellungsmerkmale. Sie stehen zudem für den grundlegenden Sinn und Zweck des Unternehmens, der heute nicht nur daran gemessen wird, wie erfolgreich und ertragreich das Unternehmen ist oder in Zukunft sein wird.

Wofür steht das Unternehmen, und warum steht es für den definierten Unternehmenszweck? Dabei geht es hauptsächlich darum, sich klarzumachen, wie Sie Kunden, potenzielle Kunden, Mitarbeitende und Investoren dauerhaft für das Unternehmen begeistern. Und geklärt sein sollte auch die Definition eines *Purpose* – auch *„Value Proposition"* (Nutzenversprechen) genannt:

 Warum ist Ihr Unternehmen besser als andere in der Lage, die Kundenbedürfnisse zu befriedigen? Warum sind der Nutzen und der Mehrwert Ihrer Produkte und Services höher als der Ihrer Wettbewerber? Diese Fragen sollten Sie unbedingt klären!

Das Ziel für die Formulierung eines auf den Punkt gebrachten Purpose Ihres Unternehmens lautet wie folgt: Sie haben eine klar formulierte und sinnvolle Daseinsberechtigung auf dem Markt, die Ihren Mitarbeitenden einen verlässlichen Rahmen gibt, um sinnvolle Arbeit zu schaffen. Zusätzlich sollten Sie die Chance nutzen, nach außen die Sinnhaftigkeit des Schaffens und Wirtschaftens Ihres Unternehmens im Sinne des gesellschaftlichen Gemeinwohles darzustellen. Laut Clevis Consult gibt Purpose Ihrem Unternehmen „einen gemeinsamen und verbindenden Gedanken", bewirkt Identifikation im Inneren Ihres Unternehmens und beschreibt nach außen die Einzigartigkeit der Produkte und Services sowie des jetzigen und zukünftigen ökonomischen und sozialen Handelns *(www.clevis.de/ratgeber/purpose/)*.

Das Erdenken und Erschaffen einer Value Proposition eines Unternehmens ist harte Arbeit und sollte ein kreativer, strukturierter und dauerhafter Prozess sein, in den Sie Kunden, Mitarbeitende und Marktpartner miteinbeziehen.

■ 2.6 Wahl einer eindeutigen Richtung

Visionen helfen, das zukünftig gewünschte Bild des Unternehmens bei Kunden, Mitarbeitenden und weiteren Stakeholdern zu beschreiben. Das Mission Statement beantwortet Fragen nach dem Sinn und erklären den Nutzen eines Unternehmens. Visionen und Mission Statements unterstützen die Mitarbeitende und Bereiche eines Unternehmens dabei, dieselbe Richtung einzuschlagen. Sie haben zudem die Aufgabe, Mitarbeitende zu motivieren und Kunden davon zu überzeugen, dass Sie und Ihr Unternehmen ein ehrgeiziges und sinnvolles Ziel verfolgen. Visionen und Mission Statements verstärken sich gegenseitig.

Für das Mission Statement werden heute auch Begriffe wie Purpose oder Value Proposition verwendet: Das ist ein auf den Punkt gebrachtes und starkes Nutzen- und Leistungsversprechen nach innen und außen.

Alle drei Begriffe sollen den Mitarbeitenden und den Kunden Orientierung, Haltung und Werte vermitteln. Immer mehr Kunden machen ihre Kaufentscheidungen davon abhängig, ob sie mit den Werten, den Zielen und dem sozialen, gesellschaftlichen und ökologischen Handeln des Unternehmens übereinstimmen.

 Visionen, Mission Statements und Purpose eines Unternehmens müssen im Einklang mit Mitarbeitenden und Kunden entstehen, klar formuliert und aktiv gelebt werden!

Beim konzeptionellen Ausfüllen dieser Begriffe wird immer wieder ein Kardinalfehler gemacht: Die Geschäftsführung setzt sich im stillen Kämmerlein zusammen und entwickelt die Visionen, Mission Statements und den Purpose isoliert von der Umwelt und den aktuellen und künftigen Entwicklungen. Danach wird das Erarbeitete von einem internen oder externen Ghostwriter oder Kommunikationsfachmann formuliert, um es der Belegschaft dann stolz zu präsentieren.

Dieser „einsame" und sehr häufig aufgesetzt wirkende Prozess ist überhaupt nicht transparent und entfaltet daher keine nachhaltige Wirkung, sondern dient bloß der Selbstdarstellung des Managements. Die Mitnahme aller wichtigen Personen und Stakeholder – insbesondere der Einbezug der Kunden – ist jedoch sehr wichtig, wenn die Vision und der Purpose im Unternehmen verankert und von innen nach außen sinnvoll gelebt werden soll. Das geht nur, wenn alle Beteiligten aktiv mitgewirkt haben und ein sorgfältiger Buy-in-Prozess stattgefunden hat. Es gibt eine Reihe von Methoden, um den Purpose im Unternehmen ständig am Leben zu halten und ihn immer wieder an die Marktbedürfnisse anzupassen:

- *Überprüfen der Wirkung:* Überprüfen und hinterfragen Sie regelmäßig und bewusst die Wirkung Ihres Unternehmens und Ihrer Produkte und Dienstleistungen auf Kunden, die Öffentlichkeit, Mitarbeitende und andere Stakeholder. Das gelingt am besten mithilfe von Perspektivwechseln. Lassen Sie Ihre Leute doch mal eine gewisse Zeit beim Kunden oder bei den Lieferanten arbeiten – im Idealfall an der Schnittstelle zu den Produkten und Dienstleistungen Ihres Unternehmens. Praktika, Exkursionen und Workshops helfen ebenfalls, den Perspektivwechsel zu erreichen.
- *Einführen eines Purpose-Fit:* Das Konzept geht auf Frederic Laloux, einen Pionier der New Work Bewegung, zurück. In seinem Buch „Reinventing Organization" (2015) fordert er die laufende Gegenüberstellung des übergreifenden Sinns Ihres Unternehmens mit den individuellen Sinnvorstellungen der Mitarbeitenden sowie der neu einzustellenden Mitarbeitenden. So können Lücken zwischen dem Purpose und den Erwartungen der Mitarbeitenden und potenziellen Mitarbeitenden sichtbar gemacht und daran gearbeitet werden, wie man die beiden Purpose-Positionen in Einklang miteinander bringt.
- *Schaffen von Purpose-Routinen:* Purpose sollte fester Bestandteil des Arbeitsalltags werden. Das heißt zum Beispiel konkret, dass nach jedem Meeting oder Call die Einschätzung der Beteiligten systematisch abgefragt wird, inwieweit die jeweilige Aktivität dem Purpose auf einer Skala von 1 bis 10 entsprochen hat. Der Moderator des Meetings kann nach dem Meeting kurz diskutieren lassen, wie das Meeting im Sinne des Purpose das nächste Mal effizienter gestaltet und ausgerichtet werden kann. Achten Sie auf die permanente und konsistente Kommunikation des Purpose auf allen Kanälen.

Der US-amerikanische Autor Daniel Pink (2011) schreibt dazu, dass die Motivation von Mitarbeitenden auf den Säulen Autonomie, Können und Sinngebung (Purpose) basiert: „Wir können das eigene Handeln kontrollieren, unsere Kompetenzen ausüben und wissen, warum wir das alles tun".

Es gibt vier Dinge, die Sie bei der Erschaffung der Vision und des Purpose beachten sollten:

1. Das Ergebnis muss authentisch sein und dem Unternehmenszweck wirklich entsprechen.
2. Die Formulierung muss einfach sein und sich auf ein Nutzenversprechen fokussieren, damit auch alle internen und externen Marktteilnehmer den Purpose verstehen und er für alle nachvollziehbar ist.

3. Die Value Proposition soll individuell, nachhaltig und zukunftsfähig für die nächsten Generationen formuliert werden.
4. Die Value Proposition sollte im Kontext zu der Vision und dem Mission Statement stehen und zusammen die drei elementaren Fragen „Warum", „Wie" und „Was" beantworten.

Die Frage nach dem „Warum?" konzentriert sich auf ein einziges Nutzenversprechen und beschreibt eben nicht wie etwa das Mission Statement ausführlich den Unternehmenszweck. Die Antwort zeichnet sich dadurch aus, dass sie in einem einzigen kraftvollen und prägnanten Satz formuliert ist. Sie fasst mehrere Vorteile Ihres Unternehmens zu einem Kernvorteil (Value Proposition) zusammen. Wichtig ist es, den Purpose gut in den Kontext einzubetten. Der Purpose soll erklärt, begründet und kurz beschrieben werden. Dazu dienen die Fragen nach dem Wie und Was. Zwei weitere Aspekte sind in diesem Zusammenhang von Bedeutung: Die gemeinsam verabschiedete Value Proposition muss von allen konsequent gelebt werden. Der Purpose sollte in regelmäßigen Abständen strukturiert und in einem dynamischen Prozess hinterfragt und gegebenenfalls neu justiert werden.

Die Beratungsfirma Globeone hat 2019 mit dem „Purpose Readiness Index" erstmalig versucht aufzuzeigen, welche Unternehmen in Deutschland sich bei diesem Thema besonders glaubwürdig aufgestellt haben *(www.globe-one.com)*. Der Index beruht auf der Befragung von mehr als 3600 Konsumenten und etwa 50 Unternehmensmarken. Im Mittelpunkt steht die Frage, wie glaubhaft es den deutschen Unternehmen schon heute gelingt, sich mit einem starken Purpose extern gut zu positionieren. Die Unternehmensmarke sollte als ehrlich, authentisch, verantwortungsvoll, nachhaltig und zukunftsfähig gesehen werden. Nur dann kann ein Unternehmen überzeugend alle Interessensgruppen ansprechen und seinen Purpose glaubwürdig vermitteln. Die Ergebnisse der Studie in aller Kürze:

- Mehr als die Hälfte der befragten Unternehmen weisen erhebliche Purpose-Lücken auf. Es gibt einige namhafte Unternehmen, die sogar besonders negativ wahrgenommen werden.
- Gut 40 Prozent der Unternehmen sind zumindest teilweise „Purpose Ready".
- Nur einige Unternehmen wie Bosch, Continental, ALDI und Rewe schneiden gut ab.

Skandale und ungehaltene oder falsche Versprechungen wirken sich negativ auf den Purpose und damit auf die Bewertung im Index aus.

Die Harvard Business Review hat in einer Untersuchung „Analytical Services" in Kooperation mit EY Global (2018) festgestellt, dass Unternehmen mit einem klar definierten Purpose zwischen 1996 und 2011 den S&P Index um das Zehnfache übertrafen. 73 Prozent der rund 1500 befragten CEOs aus zwölf Ländern und zehn Branchen stellten fest, dass ein gut gefasster Purpose ein vorzügliches Instrument ist, um Unternehmen erfolgreich durch die Disruption zu navigieren. 66 Prozent der befragten CEOs dachten darüber nach, den Purpose weiterzuentwickeln und der aktuellen und zukünftigen Situation anzupassen.

Hier einige internationale Beispiele für einen prägnant formulierten Purpose:

- Evolve the way the world moves (Uber)
- Bring inspiration and innovation to every athlete in the world (Nike)
- To organize the world's information and make it universally accessible and useful (Google)
- To give people the power to share and make the world more open and connected (Facebook)
- Spreading ideas (TED)
- Care beyond skin (Beiersdorf)

3 Die Erfolgsstrategie der Kundenorientierung: Höchste Zufriedenheit erreichen

Jede und jeder Leitende und die meisten Mitarbeitenden behaupten von sich, sie würden kundennah agieren. Das ist aber häufig eines der größten Missverständnisse, die im Unternehmen vorliegen können. Jeder im Unternehmen weiß zwar um die enorme Bedeutung von Kundennähe, aber es wird nur in seltenen Fällen so gelebt, dass das ganze Unternehmen und alle Mitarbeitenden – noch einmal: *alle* Mitarbeitenden – ausschließlich „aus der Sicht des Kunden denken". Das verlangt einen gut strukturierten und dynamischen Dialog mit den aktuellen sowie den potenziellen Kunden.

Nehmen Sie Ihr Versprechen, das Problem des Kunden zu lösen, sehr ernst. Formulieren Sie Ihr Nutzenversprechen einzigartig, messbar und spezifisch. Gehen Sie auf Ängste und Bedenken der Kunden ein und liefern Sie dem Kunden sehr gute Gründe, dass es für ihn besser ist, Ihre Produkte und Services zu kaufen anstatt die der Konkurrenz.

■ 3.1 100 Prozent Fokus auf die Kundenbedürfnisse

Das Problem der fehlenden Kundenorientierung, für die auch der englische Begriff „Customer Centricity" verwendet wird, beginnt meist schon an der Spitze des Unternehmens. Fragen Sie doch mal Ihren Vorgesetzten oder Ihre Kollegen, wie viel Zeit sie beim oder mit dem Kunden verbringen und wie viel Zeit sie darauf verwenden, dem Kunden einfach nur zuzuhören, ohne selbst permanent zu reden.

Die Antworten fallen meist sehr dünn und die Ausreden entsprechend wortgewaltig aus, warum dazu keine ausreichende Zeit zur Verfügung stünde. Es gäbe ja so viele interne und administrative Aufgaben, es müsse viel Zeit aufgewendet werden, um die Führungspersonen mit Informationen und Zahlen zu versorgen, damit die sich wiederum bei deren Führungspersonen ins rechte Licht rücken können. Es wird über die zeitaufwendige Beschäftigung mit schwierigem Personal und dem Betriebsrat gejammert, und die Unternehmensführung fordert angeblich auch jeden Tag neue Zahlen und Analysen an. Das kommt Ihnen bekannt vor? Dann ist es höchste Zeit, etwas zu ändern!

 Das sind die fünf wichtigsten Fragen und Tools für die absolute Kundenorientierung:

1. Customer Insights – wer ist der Kunde und wie „tickt" er? Die Antworten liefern Buyers Personas, also semi-fiktionale Vertreter Ihrer Zielgruppen, und Marktforschung.
2. Customer Journey und die diversen Touch Points – wie mache ich Kaufentscheidungen transparent? Die Antwort erfahren Sie mithilfe von Tracking Tools.
3. Wie viel ist ein zufriedener Kunde wert? Das finden Sie mit dem Net Promoter Score und der Berechnung des Customer Lifetime Value heraus.
4. Welche Rolle spielt die Kundenbindung? Buyers Personas und Marktforschung und nicht zuletzt Ihre eigene Buchhaltung sagen Ihnen, wie viel Ihres Umsatzes von zufriedenen Stammkunden generiert wird.
5. Wo kauft der Kunde? Die Antwort erhalten Sie von Ihrer Vertriebsabteilung.

Wenn Unternehmen nicht durch und durch kundennah sind, dann liegt der Fehler meistens darin, dass Kundennähe alleine dem Vertrieb oder dem Marketing überlassen werden. Für Sie sollte Kundennähe oberste Priorität in allen Geschäftsbereichen und selbstverständlich auch in Ihrem eigenen Zeitbudget haben.

Sie höchstpersönlich sollten das Musterbeispiel für Kundennähe im Unternehmen sein, und Sie höchstpersönlich sollten Kundennähe aktiv vorleben. Das beginnt damit, dass es immer noch sehr viele Unternehmen gibt, die ihre Kunden gar nicht so genau kennen. Mitarbeitende dieser Firmen wissen nicht viel über die aktuellen Bedürfnisse der Kunden und warum die eigenen Produkte und Dienstleistungen bevorzugen. Wenn zu wenige Daten über die Erwartungen, Ressourcen und spezifischen Kundenbedürfnisse gesammelt werden, können auch keine individuellen Lösungen für die Kunden entwickelt werden. Freilich gibt es tolle Tools fürs Customer Relationship Management, in denen die Verkäufer zahlreiche unstrukturierte und kaum verwendbare Informationen erfassen, aber das dient oft nur zur oberflächlichen Befriedigung der Bedürfnisse der Vorgesetzten. Die Daten werden viel zu selten in nützliche Informationen zur Neuausrichtung auf die Kundenbedürfnisse verwandelt.

3.2 Kundennähe als Teil eines ganzheitlichen Dialogs

Kundennähe sollte als ein ganzheitlicher und dialogorientierter Ansatz und Anspruch verstanden werden. Das heißt, alle in einem Unternehmen Beschäftigten inklusive der frei Mitarbeitenden verstehen sich als starke und verlässliche Schnittstelle zum Kunden. Egal, ob es die Entwickler oder Designer eines Produkts, die Buchhalter und Controller, die IT-Experten, die Rezeptionisten, die Marktforscher oder das Sales- und Marketingteam sind: Alle haben die Aufgabe, wann immer sie etwas über den Kunden erfahren, strukturiert Wissen über ihn zu sammeln und zuverlässig zu protokollieren. Transparenz bei der Aufzeichnung von Kundenwünschen ist der Schlüssel zum Erfolg, um das Bewusstsein der absoluten Kundenorientierung nachhaltig im Unternehmen zu verankern. Jeder Mitarbeitende sollte an kundenbezogenen Key Performance Indicators (KPIs) gemessen werden. Das erhöht das Bewusstsein für Kundennähe im gesamten Unternehmen enorm und führt in der Regel auch zu einer nachhaltigen Steigerung der Umsätze.

Je mehr Mitarbeitende in die Kundenarbeit einbezogen werden – jeder natürlich nur insoweit es für ihn in seinem Aufgabenfeld sinnvoll ist –, desto mehr Feedback und bessere Fingerzeige bekommen Sie, wie Sie den Kundennutzen Ihrer Produkte und Services erhöhen können. Und Sie erhalten unter Umständen Hinweise darauf, wie Sie mit ganz neuen Produkten und Dienstleistungen – von denen Sie vorher gar nichts ahnten – sehr viel mehr Umsatz erzielen können.

Vergessen Sie nicht, dass der Vertrieb und das Marketing nur so gut sein können, wie die Qualität der Produkte und Dienstleistungen den Kundennutzen abdecken. Das Eigenschaftsprofil der Produkte muss dem Anforderungsprofil der Kunden optimal entsprechen. Dieser relativ einfach zu verstehende Zusammenhang wird häufig verkannt, und wenn der Umsatz nicht stimmt, werden die Schuldigen dafür in der Regel im Vertrieb oder im Marketing gesucht.

Eine gut strukturierte und geführte Verkaufsabteilung kann den Unterschied machen. Aber im Grunde beginnt der Erfolg oder Misserfolg eines Unternehmens bereits bei der Produktentwicklung, der Qualität und der Innovationsfähigkeit und nirgendwo anders. Sie sollten daher Ihre Produkte immer vom Kundennutzen her denken!

3.3 Sieben Wege zum Erfassen der Kundenbedürfnisse

Nachfolgend einige Punkte, die Ron Kaufman, der weltführende Ausbilder und Motivator zum Thema Verbesserung des Kundendienstes und Aufbau einer Dienstleistungskultur (2012), für die Steigerung der Kundennähe für besonders wichtig hält und die Sie leicht bei Ihrer täglichen Arbeit beherzigen können:

1. Fragen Sie Ihre Kunden systematisch, hören Sie ihnen zu und protokollieren Sie die Gespräche. Bereiten Sie diese Gespräche gut vor, denn nur so können Sie die richtigen Fragen stellen, deren Antworten Sie dann befähigen, Ihren Kunden das passgenaue Angebot zu präsentieren. Viele Mitarbeitende im Verkauf präsentieren ihre eigenen Charts und Vorstellungen – ohne überhaupt jemals dem Kunden eine Frage gestellt zu haben. Das ist vor allem dann kontraproduktiv, wenn Sie dem Kunden Problemlösungen und kein fertiges Produkt verkaufen wollen.

2. Führen Sie so viele eigene Gespräche mit Kunden wie möglich. Nur dann bekommen Sie ein Gefühl für die Märkte und können auch Ihre Sales- und Marketingabteilung kompetent führen. Das systematische Befragen von Zielgruppen sowie weitere Marktforschungsmaßnahmen, die dank digitaler Tools einfach durchzuführen sind, eignen sich sehr gut, um herauszufinden, was der Kunde tatsächlich möchte. Integrieren Sie in diese Überlegungen auch die kundennahen Prozesse, um Ihre Verkaufszahlen zu verbessern. Was nützt es, wenn Ihre Produkte zwar gut, aber für den Kunden schwer zu bestellen oder schlecht oder kompliziert zu bedienen sind?

3. Fordern Sie systematisch Feedback von Ihren Kunden ein und führen Sie einen strukturierten Prozess der Auswertung von Kundenrückmeldungen in Ihrem Unternehmen ein. Dafür gibt es sehr gute Tools im Web, die das automatisch erledigen. Sowohl Klagen und Beschwerden als auch Lob sind zu dokumentieren – und ganzheitlich in die Qualitätsprozesse des gesamten Unternehmens zu integrieren. Die Einrichtung einer Company-Hotline erleichtert es Ihren Kunden, Ihnen Feedback zu geben.

4. Werden Sie zu einem Kunden Ihrer besten Wettbewerber. Kaufen Sie deren Produkte und Services, testen Sie sie auf Nützlichkeit und Neuheitswert und vergleichen Sie sie mit Ihren Produkten und Services. Analysieren Sie mit Ihren eigenen Augen, wo die Konkurrenzangebote besser und schlechter sind und was Sie dabei lernen können, um Ihre Angebote zu verbessern. Und noch eines: Reden Sie auch mit Ihren Wettbewerbern. Zu viele

Führungskräfte haben Vorbehalte, sich mit der Konkurrenz auszutauschen. Bei meinen Gesprächen habe ich immer sehr viel erfahren, was ich direkt verwerten konnte, um die eigene Strategie zu verbessern. Haben Sie den Mut dazu!

5. Nutzen Sie die digitalen Kanäle Ihres Unternehmens und Ihre eigenen Social-Media-Aktivitäten, um Ihren Kunden zu zeigen, wie präsent und digital Ihr Unternehmen und auch Sie selbst sind. Das gilt nicht nur für die Generation Z, sondern auch für die Gen Y/Millennials, die Generation X und die Baby Boomer. Gewinnen Sie einen möglichst persönlichen Zugang zu den Kunden. Und zwar nicht nur auf der rein beruflichen Ebene, sondern auch auf der emotionalen, persönlichen Ebene, die gerade im Verkauf sehr wichtig ist.

6. Sorgen Sie dafür, dass die gesamte Belegschaft das Thema Sales und Marketing verinnerlicht und dass sich alle Mitarbeitenden im Rahmen ihres Aufgabengebiets in den Sales-Prozess aktiv einklinken können. Alle Mitarbeitenden können auf ihre Weise verkäuferisch tätig sein, wenn sie Kunden treffen, indem sie über das Unternehmen, dessen Visionen und Produkte reden und den Kunden informieren und Einblicke bieten.

7. Mitarbeitende im Sales und Marketing müssen motivierend und ausschließlich kundenorientiert geführt werden. Dazu braucht es eine analytische Segmentierung der Zielgruppen sowie einen transparenten und strukturierten Sales-Prozess, den die Verkaufsleitung überwachen und immer wieder neu justieren muss. Die Verkäufer und Marketingexperten brauchen passgenaue Argumentationshilfen, wie sie die Kunden überzeugen können. Dass das Team der Produktentwicklung sehr eng mit ihren Kollegen und Kolleginnen aus Sales und Marketing zusammen arbeitet, um die USPs der Produkte und Dienstleistungen herauszuarbeiten, sollte selbstverständlich sein.

Wenn Sie diese Punkte im Unternehmen implementieren, sind Sie in der Lage, selbst die schwächsten Signale im Markt wahrzunehmen, zu analysieren und zu bewerten. Das hilft Ihnen dabei, Ihr Unternehmen in allen entscheidenden Bereichen – insbesondere in der Produktentwicklung und im Vertrieb und Marketing – für die Zukunft gut aufzustellen.

 Nutzen Sie gezielt die unzähligen Möglichkeiten, die Ihnen die Digitalisierung bei der Optimierung der Kundenbedürfnisse bietet!

3.4 Definition von Kundenzufriedenheit

Im digitalen Zeitalter ist das Verbreiten von Meinungen und Bewertungen um ein Vielfaches leichter und schneller geworden. Kunden erhalten durch das Internet mehr und mehr Macht, werden selbst zu Markenbotschaftern und haben erheblichen Einfluss darauf, ob und warum andere User ein Produkt oder eine Dienstleistung kaufen. Die Zufriedenheit von Kunden spiegelt die subjektive Einschätzung und Erfahrung wider. Kunden haben individuelle Erwartungen an ein Unternehmen sowie an dessen Produkte und Services. Wie zufrieden sie sind, hängt davon ab, wie und in welchen Ausmaß Ihr Unternehmen diese Erwartungen erfüllen kann.

Das von dem japanischen Professor Noriaki Kano (1984) entwickelte Modell (Bild 3.1) definiert drei wesentliche Faktoren für Kundenzufriedenheit: Basis-, Leistungs- und Begeisterungsfaktoren. Basisfaktoren stellen Minimalanforderungen an Produkteigenschaften als unabdingbare Voraussetzung für ein neutrales Maß an Kundenzufriedenheit dar. Leistungsfaktoren spiegeln die funktionalen Eigenschaften und damit die Qualität wider, weshalb die Kundenzufriedenheit linear mit ihnen zusammenhängt. Die Begeisterungsfaktoren bestehen aus überraschenden Leistungen, die der Kunde beim Kauf oder der Inanspruchnahme von Produkten und Services nicht erwartet hat – sie führen zu besonders starker Zufriedenheit.

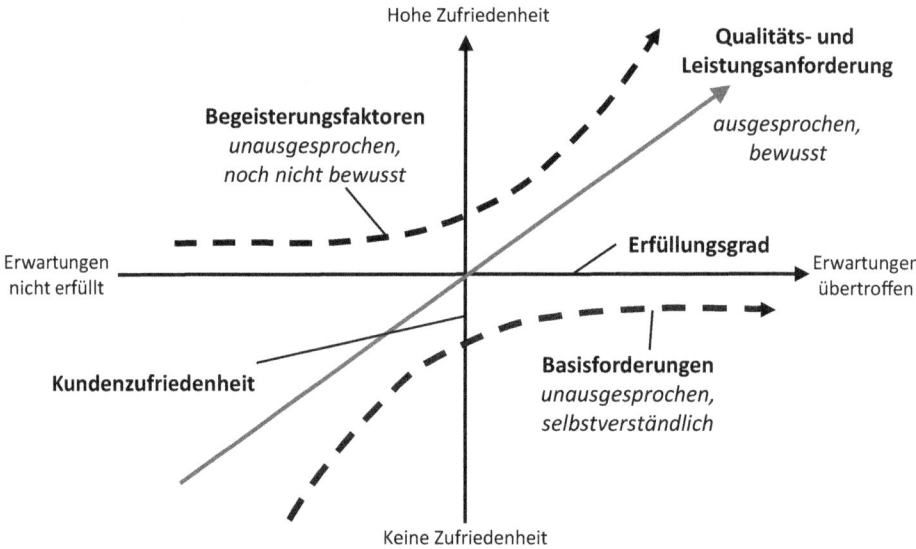

Bild 3.1 Das Kano-Modell

Daten sind elementar wichtig, um die Kundenzufriedenheit und die damit verbundenen internen und externen Prozesse in Ihrem Unternehmen auf ein neues Level zu bringen. Viele Unternehmen verwenden sehr viel Energie auf die Entwicklung von Produkten und Services bis hin zur Markteinführung, aber sie vernachlässigen anschließend den Erfolgsaspekt der absoluten Kundenzufriedenheit. Sehr viele erfolgreiche Unternehmen der jüngeren Vergangenheit haben ihre Marktanteile überwiegend damit erobert, dass sie mit völlig neuen Leistungsversprechen aufgetreten sind und neue Wege der Kundenbindung beschritten haben.

Amazon hat seine Kunden damit begeistert, alle bestellten Produkte vorbehaltlos auch wieder zurückzunehmen. Viele Versandhäuser hatten den Kunden bis dato die Rücknahme von Produkten erschwert oder langwierige Reparaturservices geboten. Der wichtigste Grund, warum Sie sich intensiv mit der Steigerung der Kundenzufriedenheit befassen sollten, ist die Tatsache, dass ein zufriedener Kunde immer wieder bei Ihnen kaufen und Sie auch weiterempfehlen wird.

Es erfordert Zeit und Mühe, um die Kundenzufriedenheit zu analysieren, doch Sie müssen wissen, aus welchen Gründen die verschiedenen Käufergruppen mit ihren Produkten und Dienstleistungen zufrieden sind und wo sie Verbesserungsbedarf sehen. Es zahlt sich aus, dafür einen strukturierten, kontinuierlichen und möglichst automatisierten Prozess in Ihrem Unternehmen aufzusetzen. Ziel muss es sein, alle kundenrelevanten Abteilungen und Verantwortlichen inklusive Ihrer Lieferanten in die Lage zu versetzen, herauszufinden, wie die Kundenzufriedenheit erhöht werden kann. Dabei müssen sämtliche Möglichkeiten des Feedbacks genutzt werden, die man von den Kunden erhalten kann.

Hierzu gehört auch das Sammeln und Auswerten von Beschwerden. Niemand erhält gerne Beschwerden. Aber für Sie und Ihr Unternehmen ist es die ehrlichste Art des Feedbacks, denn es belässt Ihnen die Chance, den unzufriedenen Kunden durch Verbesserungen umzustimmen. Viel gefährlicher sind die schweigenden Kunden, die Ihr Produkt einmal gekauft haben und sich nach einer Produktenttäuschung von Ihrem Unternehmen abwenden und ihr Glück bei der Konkurrenz suchen.

Nur durch den Aufbau eines leistungsfähigen Beschwerdemanagements sowie mit permanenten Kundenbefragungen ergibt sich ein vollständiges Bild. Es ermöglicht Ihnen, ein ganzes Bündel von kundenspezifischen Maßnahmen zu ergreifen, mit denen Sie Ihre Produkte und Services verbessern und damit die Kundenzufriedenheit steigern können. Das kostet zwar Geld, doch das holen Sie später durch die gestiegene Kundenzufriedenheit doppelt und dreifach zurück. Erstens kaufen zufriedene Kunden öfter bei Ihnen, zweitens empfehlen sie Ihre Produkte und Dienstleistungen an neue Kunden weiter.

Die unterschiedlichen Erwartungen der Kunden zu erfüllen, ist nicht immer leicht. Es lohnt sich daher, alle Phasen der Customer Journey sehr analytisch und detailliert anzuschauen. Dafür gibt es sehr effiziente technologische Tools, mit denen die relevanten Daten gesammelt und ausgewertet werden können.

> So steigern Sie die Zufriedenheit Ihrer Kunden:
> 1. Der Kunde ist König! Diese Haltung muss von der Unternehmensführung vorgelebt und aktiv praktiziert werden, um sie in allen Teilen des Unternehmens zu verankern. Verbringen Sie Zeit mit Ihren Kunden, um mehr über sie zu erfahren. Seien Sie jederzeit für sie erreichbar und belohnen Sie treue Kunden.
> 2. Setzen Sie strukturierte und dauerhafte Prozesse zur Analyse der Customer Journey auf und messen Sie deren Erfolg. Dazu gehören:
>   - *Customer Satisfaction Score (CSAT):* Die Kunden können nach dem Kauf auf einer Skala angeben, wie zufrieden sie mit dem Produkt sind. Aus den Antworten kann dann die allgemeine Zufriedenheit abgelesen werden (= Durchschnittswert aller Antworten) oder ermittelt werden, wie viele Kunden zufrieden sind (= Prozentsatz positiver Antworten im Verhältnis zu allen Käufern).
>   - *Net Promoter Score (NPS):* Dieser Score gibt die Wahrscheinlichkeit einer Weiterempfehlung an und ist ein guter Indikator für die Kundenbindung. Anhand der Antworten werden die Kunden in bestimmte Kategorien (Promoter, Indifferente, Kritiker) eingeteilt. Der NPS wird aus der Prozentzahl der Promotoren abzüglich des Prozentsatzes der Kritiker ermittelt. Die Indifferenten werden nicht berücksichtigt.
>   - *Customer Effort Score (CES):* Diese Methode nimmt konkret den Kundenservice in den Fokus. Die Fragen konzentrieren sich auf den Aufwand, den der Kunde bei der Interaktion mit dem Unternehmen gehabt hat.
>   - *Things Gone Wrong:* Hierbei wird der Frage nachgegangen, wie viele Beschwerden in Relation zur Gesamtzahl der Verkäufe eingehen. Die gemessene Kennzahl zeigt an, wie viele Beschwerden je 100, 1000 oder bis zu 1 Million verkaufter Produkte eingehen.
>   - *Social Sentiment:* Das ist ein KPI, der die Stimmung in sozialen Netzwerken technisch auswertet. Unternehmen, die stark in sozialen Netzwerken präsent sind, erhalten automatisch Rückmeldung in Form von Kommentaren, Likes oder Shares.
> 3. Den Kundenservice einfach und schnell erreichbar machen sowie systematische Analyse und Auswertung von allen Kundengesprächen.
> 4. Durchführung von permanenten Nutzertests (Usability-Tests, Mystery Shopping etc.).

> 5. Systematisches und automatisiertes Sammeln und Kategorisieren aller Kunden-Feedbacks auf digitalen Kanälen. Die aus diesem Prozess gewonnenen Erkenntnisse über Produktqualität, Verfügbarkeit, Vertrieb, Service und Reparatur müssen von der Unternehmensleitung regelmäßig in Verbesserungen umgemünzt werden.
> 6. Konsequente Integration der Ergebnisse in die einzelnen Wertschöpfungsbereiche und Aufbau einer Kontrollinstanz, die darauf achtet, dass die tatsächliche Umsetzung der Verbesserungsvorschläge auch erfolgt.
> 7. Aufbau und Erhalt eines guten Betriebsklimas. Nur zufriedene Mitarbeitende haben eine positive Wirkung auf die Kunden.

3.5 Näher am Kunden mit Design Thinking

Es dürfte selbsterklärend sein, dass schnell erstell- und veränderbare Produkte und Services neue Ansätze bei der Herangehensweise erfordern. Das betrifft sowohl die Produktplanung und -entwicklung als auch die Projektplanung und Zusammenarbeit aller Mitarbeitenden im Unternehmen. Mit den Methoden der klassischen Industrie kommt man im digitalen Zeitalter nicht mehr weit. Deshalb entstanden gerade in den Computer- und Softwarefirmen neue Methoden für ein agiles Arbeiten wie Kanban, Scrum und Design Thinking. Ohne diese Methoden, die absolute Kundenorientierung sowie das Generieren von Abo-Modellen mit regelmäßigen Erlösströmen wäre die Digitalwirtschaft nicht so erfolgreich.

Am Anfang des Design Thinking (DT) geht es um den Nervfaktor. Was stört mich, meine Kollegen, meine Vorgesetzten und – am wichtigsten – meine Kunden? Eine unerwünschte Eigenschaft oder Funktion eines Produkts oder Services abzustellen, führt automatisch zu weiteren Fragen und darüber zum Verständnis von Ursache und Wirkung. Die Antworten auf die Fragen bilden die Grundlage für das Design eines neuen Produkts, eines innovativen digitalen Services oder eines datenbasierten Benefits. Zahlreiche neuere Beispiele beweisen es. Statt nervige Banküberweisungen auszuführen, zahlen wir mit PayPal. Statt mit viel Aufwand Kleinanzeigen in Zeitungen zu schalten, stellen wir unsere Angebote in Ebay. Einen 20-bändigen Brockhaus will niemand mit sich herumtragen, Wikipedia ist mit dem Smartphone fast überall und jederzeit abrufbar. Praktisch hinter jeder App auf Ihrem Smartphone stand zuerst der Gedanke eines Menschen, was ihn bei der Ausübung eines Handgriffs, einer Arbeit, eines Freizeitvergnügens oder einer sportlichen Aktivität nervt und wie man das abstellen kann.

 Design Thinking kann übersetzt werden mit: Überlege, was nervt, und schaffe strukturiert einfache Abhilfe.

Das Ziel von Design Thinking ist es also, innovative Produkte oder Services so zu gestalten, dass sie attraktiv, technisch realisierbar und marktfähig sind. DT wird genutzt, um neue Produkte, Dienstleistungen, Geschäftsmodelle oder Lösungen für gesellschaftliche Probleme zu entwickeln. Es ist eine systematische Herangehensweise an komplexe Problemstellungen, bei der Nutzerwünsche und -bedürfnisse sowie nutzerorientiertes Erfinden im Mittelpunkt des Prozesses stehen (Bild 3.2). DT fordert eine stetige Rückkoppelung zwischen den Entwicklern einer Lösung und ihren Anwendern. Design Thinker stellen dem Nutzer Fragen und nehmen seine Abläufe und Verhaltensweisen genau unter die Lupe. Die Lösungen werden dann in Form von Prototypen vorgestellt. DT gelingt am besten in einer Unternehmenskultur, die Teamarbeit ins Zentrum stellt und Veränderungen auf allen Ebenen mit hoher Geschwindigkeit vorantreibt.

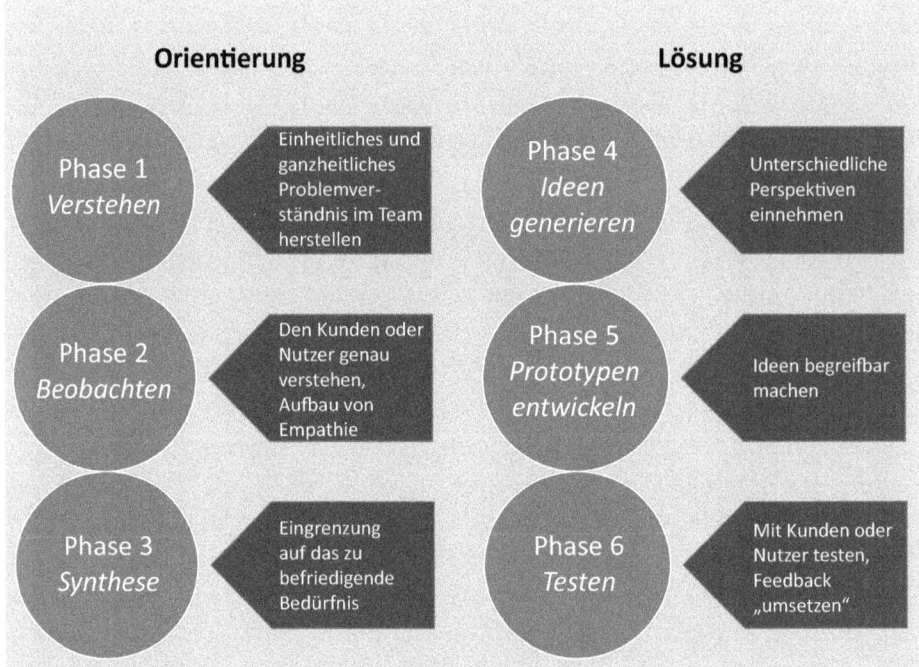

Bild 3.2 Design Thinking-Prozess in sechs Phasen (nach Osann u. a. 2020)

Human-Centered Design (HCD) ist eine ähnliche Vorgehensweise für Problemlösungen – sie orientiert sich hauptsächlich an den Individuen und Zielgruppen, für die man Produkte entwickelt. Es fängt mit der Definition an, wer die Kunden sind und welche Probleme sie haben. Und es endet mit der Findung einer für die Kunden maßgeschneiderten Lösung. HCT achtet noch mehr auf Details und hat seine Wurzeln in der Produktivitätssteigerung und Fehlervermeidung. Es ist ein Weg, die Nutzbarkeit (Usability) und die Nutzererfahrung eines bestimmten Produkts oder Services zu verbessern.

Design Thinking und Human-Centered Design beziehen den Nutzer in allen Phasen der Entwicklung von Produkten oder Services ein. Beide Konzepte gehen iterativ vor und umfassen vier Phasen:

1. Verstehen und Beschreiben des Nutzerkontextes
2. Spezifizieren der Nutzungsanforderungen
3. Entwerfen der Gestaltungslösungen
4. Testen und Bewerten der Gestaltung

Beide Konzepte erfordern die Zusammenarbeit in interdisziplinären Teams. Um kreative Ideen zu entwickeln und Antworten auf komplexe Fragestellungen zu finden, braucht es unterschiedliche fachliche und persönliche Hintergründe. Diversity (siehe Kapitel 12) hilft dabei, Probleme aus unterschiedlichen Perspektiven zu betrachten und innovative Lösungen zu entwickeln.

Trotz der Unterschiede können sich beide Konzepte gut ergänzen, wenn Sie und Ihre Belegschaft sowohl mit der Denkweise (HCT) als auch mit dem Werkzeugkasten (DT) bei der Entwicklung von Produkten die wirklichen Probleme der Kunden lösen.

Genau wie im Management sollte auch ein Design-Thinking-Team nicht nur aus Technologen bestehen. Um die weniger technologie- oder digitalaffinen Arbeitskräfte mit ins Boot zu holen, sollten regelmäßige unternehmensinterne Blogs aufgesetzt oder Informationsveranstaltungen abgehalten werden. Personen, die den Markt beobachten, sogenannte Scouts, berichten über Trends, neue Produkte von Wettbewerbern oder Kundenfeedbacks. Grundsätzlich sollten sich alle Mitarbeitenden als Scout verstehen und sich nicht scheuen, sich in der einen oder anderen Form in dem DT-Prozess einzubringen.

4 Die Erfolgsstrategie des Messbarmachens: Betriebswirtschaftliche Kennzahlen dynamisch und automatisiert auswerten

Ein Unternehmen kann auf Dauer nur dann wirtschaftlich erfolgreich agieren, wenn seine Führung über ein klares und aktuelles Bild der betriebswirtschaftlichen Ergebnisse verfügt. Die an das Management weitergeleiteten Kennzahlen dürfen weder geschönt noch unternehmenspolitisch verzerrt sein, sondern sollten die tatsächliche Lage transparent abbilden.

Das ist jedoch nicht überall der Fall, vor allem dann nicht, wenn das mittlere Management etwas darstellen will oder muss, was zwar von oben gewünscht wird, aber nicht der Realität entspricht. Die Führungskräfte leben in diesem Fall in einer selbst geschaffenen Blase und umgeben sich mit Menschen, die eine ähnliche Sicht auf die Dinge haben. Oder aber das Management rechtfertigt den verzerrten Blick auf die Zahlen mit vorgeschobenen Gründen, um bei der Belegschaft keinen Unmut aufkommen zu lassen oder keine Veränderungen vornehmen zu müssen. Kritik ist unerwünscht. Umso wichtiger sind mutige und analytische Kräfte in den Controlling-Abteilungen (und nicht nur dort), die das Top-Management eines Unternehmens mit Zahlen versorgen, die der Wahrheit entsprechen.

Alle Verantwortlichen in den Unternehmen – und besonders das Controlling – stehen angesichts der tiefgreifenden digitalen Transformation großen Herausforderungen gegenüber. Das Controlling liefert den Führungskräften und den Beschäftigten den Blick auf den betriebswirtschaftlichen Rahmen, in dem sich das Unternehmen aktuell bewegt. Und es ermöglicht einen Ausblick auf die künftige Geschäftsentwicklung.

Dabei sollte das Controlling die aktuellen Geschäftsmodelle im ersten Schritt unvoreingenommen erfassen und die betriebswirtschaftliche Realität so aktuell, das heißt dynamisch und so ganzheitlich wie möglich, abbilden. Gerade bei der Analyse von Zahlen gibt es oft erhebliche Interpretationsspielräume und unterschiedliche Meinungen. Jeder rechtfertigt die Zahlen aus seiner eigenen Wahrnehmung und Wirklichkeit. Es ist aber entscheidend, dass Sie und Ihr Unternehmen einen weiteren Schritt unternehmen: Betrachten Sie die Zahlen immer auch aus der Sicht der Kunden, denn jede Unternehmensstrategie und -struktur sowie die Erfolgskontrolle anhand der Zahlen muss so gedacht und organisiert werden, dass Ihr Unternehmen am besten und am effizientesten die Bedürfnisse Ihrer Kunden befriedigen kann – ohne Wenn und Aber!

Die wichtigsten Fragen lauten: Was wünscht sich der Kunde in Zukunft von Ihrem Unternehmen? Und wie kann Ihr Unternehmen das so bieten, dass die sich ständig ändernden Bedürfnisse mit entsprechender Qualität, den geeigneten Ressourcen und den finanziellen Mitteln profitabel und nachhaltig umsetzen lässt?

■ 4.1 Zahlen nicht isoliert betrachten

Bei der Analyse der Zahlen sind folgende Fragen zu erörtern:

- Wie sehen die Bedürfnisse der Kunden heute und künftig aus? Wie und mit welchen Ressourcen kann Ihr Unternehmen die USPs der Produkte und Services am effizientesten kreieren?
- Welche Geschäftseinheiten müssen wie und mit welchen Synergien zusammenarbeiten, um die Kundenbedürfnisse zu erfüllen?
- Welche Investitionen, Ressourcen, Daten und sonstigen Parameter muss das Management in seiner Strategie berücksichtigen, um die Kundenbedürfnisse optimal zu befriedigen? Wie können das mittlere Management sowie das Team auf dieser gemeinsam erarbeiteten Grundlage die Umsetzung erfolgreich organisieren?

Bei vielen Unternehmen hinkt das Reporting allerdings der aktuellen Unternehmenslage einige Zeit hinterher.

Analysieren und bewerten Sie die Zahlen nie isoliert und statisch, sondern immer dynamisch im Zusammenhang mit den künftigen Kundenbedürfnissen und Unternehmenszielen.

Das Reporting und die Finanzstruktur zu verbessern ist ein wichtiger Schritt, um die Grundlage, auf der strategische Entscheidungen getroffen werden, tragfähiger zu machen. Wenn die Zahlen, die nach außen und innen kommuniziert werden, die Realität nur ungenügend abbilden, dann werden wichtige Entscheidungen über die Veränderung oder Weiterentwicklung der Businessmodelle verzögert oder sogar ganz verhindert.

Das hat massive Folgen für Ihr Mitarbeitenden und für Sie selbst, denn Ihr Unternehmen misst sich an den falschen Parametern, steuert mit falschen Zahlen und Daten, und Sie beurteilen und messen Ihre Mitarbeitenden beispielsweise an veralteten KPIs.

Es lohnt sich also immer wieder, zu Beginn von Planungszyklen über das aktuelle und zukünftige Geschäftsmodell zu diskutieren, ob die entscheidenden Parameter in die Finanzstruktur einfließen und vom Controlling überwacht werden. Dazu braucht es eine offene Diskussion der Geschäftsleitung, der Führungskräfte und des Controllings, denn jeder der Beteiligten hat seine eigene Realität und seinen eigenen Blick auf die künftige Entwicklung des Unternehmens. Strategische Planung ist wesentlich für die Zukunftsfähigkeit von Unternehmen. Die klassischen Steuerungsmethoden stoßen mit dem Entstehen sich äußerst dynamisch entwickelnder digitaler Geschäftsmodelle an ihre Grenzen.

Für richtige strategische Entscheidungen ist es für Unternehmen von großer Bedeutung, dass die zur Verfügung stehenden Kennzahlen möglichst aktuell, vollständig und genau sind.

Eine solide Zahlenbasis und darauf gestützte Entscheidungen sind zudem wichtig, um bei den Mitarbeitenden Vertrauen in die aktuelle und künftige Geschäftsstrategie aufzubauen. Akzeptanz und Produktivität der Belegschaft sind wesentlich größer, wenn sie die Strategien nachvollziehen und effizient umsetzen können. Das fördert die Bereitschaft im Team, sich aktiv und agil an der Implementierung weiterer Strategieanpassungen und Maßnahmen zu beteiligen und mitzuhelfen, die Gesamtziele des Unternehmens zu erreichen.

Hinzu kommt, dass die verstärkte Zusammenarbeit und Vernetzung von unterschiedlichen internen und externen Bereichen und Partnern entlang der gesamten Wertschöpfungskette zu weiteren, teils enormen Datenmengen führt. Damit geht eine höhere Komplexität einher, die in verschiedenen Dimensionen in den Geschäftszahlen abgebildet werden sollte.

Das ist wichtig, kommt aber in den seltensten Fällen vor, wenn es um die Festlegung und Verteilung der aktuellen und künftigen Ressourcen eines Unternehmens geht. Dabei betrifft es alle – schließlich gibt es kein Unternehmen der Welt, das sich nicht um die Allokation von Ressourcen kümmern muss. Knappe Ressourcen optimal einzusetzen, das heißt maximalen Kundennutzen bei größtmöglicher Rentabilität zu erzielen, ist die wahre Kunst großer Unternehmenslenker.

4.2 Zahlen transparent kommunizieren

Die beschriebenen Prozesse benötigen Zeit für Diskussionen, gegenseitige Abstimmung und ein gemeinsames Verständnis von Unternehmensführung, mittlerem Management und Controlling. Das gestaltet sich allein schon deshalb schwierig, weil die Beteiligten oft eine sehr unterschiedliche Wahrnehmung der Dinge haben. Am Ende steht eine gemeinsam verabschiedete Strategie mit einer verbindlichen und unternehmensweiten Vorgehensweise und Sprachregelung.

Aus der Strategie werden die zu erzielenden Umsätze und Kosten verbindlich in die Finanzplanung und das Reporting integriert. Nur so lassen sich Deckungsbeiträge pro Produkt, Service oder Geschäftsmodell aussagefähig abbilden und fortlaufend überprüfen.

Was allerdings aus Gründen der Vereinfachung häufig passiert: Die Kosten werden im Allokationsverfahren prozentual im Verhältnis der Umsätze und nicht verursachungsgerecht abgebildet. Das ist ein elementares Problem, da das Unternehmen und damit auch Sie nicht exakt wissen, wie hoch die Deckungsbeiträge und damit die Profitabilität der einzelnen Geschäftsfelder und Produkte tatsächlich sind. Es verdeckt den Blick darauf, was Sie tun müssten, um die aktuellen Kundenbedürfnisse wirtschaftlich effizienter als bisher in Ihrem Unternehmen zu befriedigen. Das zu wissen, ist jedoch in einer immer komplexer werdenden Welt enorm wichtig, um Produkte, Dienstleistungen und Geschäftsmodelle rasch anzupassen.

 Uneingeschränkte Transparenz in den Zahlen und zeitnahe Kommunikation der Zahlen sorgen für Vertrauen.

Es sollte Sie als Führungskraft im Detail interessieren, wie sich die einzelnen Produkte und Geschäftsbereiche rechnen, welchen Beitrag sie zum Gesamterfolg leisten und was Sie in einzelnen Produktkategorien machen können, um das Geschäftsergebnis nachhaltig zu verbessern. Das sind die Grundlagen zur Formulierung der Gesamtstrategie.

In vielen Unternehmen werden Managemententscheidungen auf der Basis von veralteten Reporting-Strukturen, nicht akkurat ermittelten Deckungsbeiträgen und damit insgesamt unsicheren Annahmen und Markterwartungen getroffen. Das kann dazu führen, dass das Unternehmen (und damit auch Kolleginnen und Kollegen) auf die falsche Spur geraten und Produkte und Services anbieten, die sich wirtschaftlich schon längst nicht mehr rechnen.

Die Situation ist für die Unternehmen deshalb so gefährlich, weil sich das Marktgeschehen durch digitale Geschäftsmodelle viel schneller verändert. Im Mittelpunkt stehen auch hier die Kunden und ihre sich rasch ändernden Bedürfnisse bei Produkten und Dienstleistungen. Vor allem etablierte Unternehmen müssen sich auf eine längere Transformationsphase einstellen, bei der konsequent alle alten Geschäftsmodelle hinterfragt und gegebenenfalls eingestellt sowie neue Geschäftsmodelle aufgebaut und kontinuierlich angepasst werden müssen.

Wenn jedoch schon die tradierten Geschäftsmodelle auf unrealistischen Zahlen und Annahmen basieren – wie soll ein Unternehmen erst die neuen Modelle realistisch berechnen und bewerten können? Um dieser Gefahr begegnen zu können, sollte die Führung eines Unternehmens klare Vorstellungen entwickeln, mit welchen Strategien, Kunden, Produkten und Services das Unternehmen langfristig bestehen möchte. Darauf aufbauend muss sie sich zusammen mit der Finanzabteilung und dem Controlling Gedanken machen, wie man ein leistungs- und aussagefähiges sowie datenbasiertes Reporting aufsetzt, das die Geschäftsführung befähigt, transparent und in Echtzeit Zahlen abzubilden, zu überwachen und aufzuzeigen, wo das Unternehmen gerade steht und in welcher Richtung es sich entwickelt. Das kann und muss in mittleren und größeren Unternehmen das Controlling leisten, das in diesem Fall ein verlässliches Bindeglied zwischen mehreren interagierenden Abteilungen und Verantwortlichkeiten (Management, Data Scientists und IT-Abteilung) sein sollte.

4.3 Orientierung mittels Management-Frameworks

Nur mit einer transparenten, ehrlichen und dynamischen Abbildung und Analyse der Zahlen lassen sich verlässliche Strategien für die Zukunft ableiten. In der digitalisierten Welt besteht das Problem für Linienmanager und -managerinnen sowie das Controlling darin, dass sie mit immens vielen unstrukturierten Daten (Big Data) konfrontiert werden, die es zu analysieren und zu einem realistischen Bild zusammenzusetzen gilt, damit aus Daten nützliche Informationen für die Steuerung des Unternehmens gewonnen werden.

Viele Strategien werden eher aus dem Bauch heraus entschieden als auf der Grundlage einer schonungslos ehrlichen und umfassenden Analyse von sinnvoll aufbereiteten Daten und Zahlen, die auch Kunden und Mitarbeitende mit einbeziehen. Doch reine Bauchentscheidungen sind gefährlich, besonders in einem sich rasch verändernden Umfeld. Sie sind, wenn überhaupt, nur dort sinnvoll, wo die Entscheidung unter hoher Komplexität getroffen wird und der Entscheider gleichzeitig jahrelange Erfahrung in diesem Gebiet aufgebaut hat.

Wenn Sie also auch unter diesen Umständen intuitive Entscheidungen treffen, dann sollten Sie zuvor alle verfügbaren Fakten und Daten kritisch hinterfragen. Damit entgehen Sie Ihrer eigenen Voreingenommenheit, für die auch der englische Begriff *bias* verwendet wird. Sie sollten diese kognitive Verzerrung vermeiden und Ihre Art der Entscheidungsfindung verbessern.

Wie wichtig in diesem Zusammenhang Finanzdaten für die realistische Einschätzung der Unternehmenssituation sind, versteht sich von selbst. Voraussetzung für ein dynamisches Finanz-Framework ist das Sammeln aller Finanzdaten in einem großen Data Warehouse. Dabei müssen Sie die relevanten Daten miteinander verknüpfen und mit weiteren aussagefähigen Kennzahlen aus den unterschiedlichen betrieblichen Datenquellen verbinden, beispielsweise aus dem Customer-Relationship-Management (CRM).

> Mit einem strukturierten und leistungsfähigen Data Warehouse können Sie künftige Finanz- und Reporting-Fragen beantworten. Auch solche, die bisher noch nicht bekannt sind. Die Finanz- und Reporting-Struktur sollte dabei effizient an die Veränderung der Umwelt angepasst werden.

4.3.1 KPI-Dashboard und Balanced Scorecard

Sehr hilfreiche und essentielle Ergebnisse liefern sogenannte Business Intelligence Tools, vor allem in Verbindung mit einer immer besseren Visualisierung von Daten. Dazu zählen KPI Dashboards, die Zahlen und Daten aus den unterschiedlichsten internen und externen Systemen sammeln, Kontexte sehr gut transparent machen und helfen, diese aus unterschiedlichen Gesichtswinkeln und Kriterien isoliert oder ganzheitlich zu betrachten und zu analysieren. Künstliche Intelligenz spielt auf diesem Gebiet eine immer wichtigere Rolle, um einerseits die relevanten Verknüpfungen zwischen den Daten zu analysieren und andererseits konkrete Handlungsempfehlungen zu geben.

Die Grundlage von Business Analytics ist die Verarbeitung digitaler Daten mithilfe statistischer Methoden und quantitativer Modelle. Business Analytics kann laut Internationalem Controller Verein (2016) wie folgt unterteilt werden (Bild 4.1):

- Descriptive Analytics: Was ist passiert?
- Diagnostic Analytics: Warum ist es passiert?
- Predictive Analytics: Was wird passieren?
- Prescriptive Analytics: Was muss getan werden, um ein angestrebtes Ziel zu erreichen?

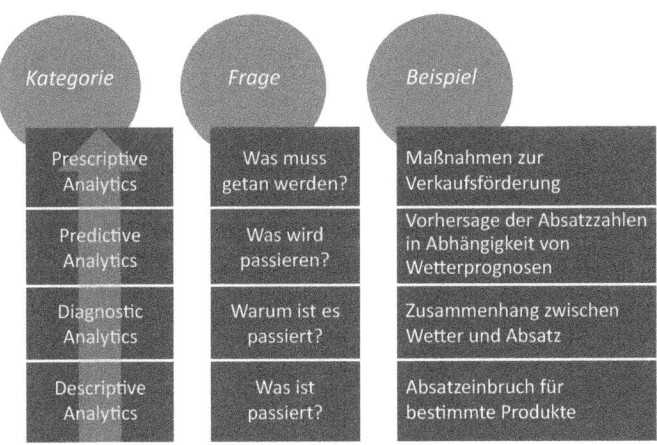

Bild 4.1 Business Analytics Kategorien mit Controlling-Beispielen (Internationaler Controller Verein, 2016)

Diese hochgradig automatisiert, integriert und in Echtzeit ablaufenden Prozesse werden die Unternehmenssteuerung grundlegend verändern. Dabei helfen Key-Performance-Indikatoren (KPI), wichtige Leistungskennzahlen, mit deren Hilfe sich die jeweiligen Zielerreichungsgrade der Unternehmensbereiche oder auch andere Erfolgsfaktoren einer Organisation messen und überwachen lassen.

KPI lassen sich aus vier verschiedenen Blickwinkeln heraus betrachten – aus der Sicht der Finanzen, der Kunden, der Unternehmensprozesse sowie der Lern- und Entwicklungsprozesse. Ihr Ziel sollte es sein, die jeweiligen KPI aus allen vier Richtungen in einem interaktiven Dashboard einfach und strukturiert zu visualisieren, um dem jeweiligen Verantwortlichen so viel Transparenz wie möglich zu geben. Das liefert die Basis, um möglichst rationale Entscheidungen treffen zu können. Künstliche Intelligenz und maschinelles Lernen helfen dabei, selbstständige Muster und Trends automatisch zu erkennen und die verantwortlichen Personen davon in Kenntnis zu setzen.

Auch die Dashboards müssen immer wieder überprüft werden, ob sie die betriebswirtschaftliche Realität des Unternehmens noch sinnvoll abbilden. Bei ständiger Analyse der KPI können erreichte Fortschritte ebenso wie Rückschläge transparent gemacht und Schwachstellen erkannt werden. Dabei ist es wichtig, dass die KPI immer mit Worten beschrieben werden, damit alle Beteiligten auf demselben und gemeinsam abgestimmten Informationsstand sind. Ratsam ist auch, dass sich das Top- und Mittelmanagement regelmäßig und in kurzen Abständen trifft, um eine Checkliste mit wichtigen Punkten zu prüfen: Wie sehen in jedem Bereich das KPI-Ziel, die KPI-Zielerreichung, eventuelle Probleme, Handlungsalternativen, Verantwortlichkeiten sowie Deadlines und wichtige Termine aus? Dabei sind konkrete Beschlüsse zu fassen und zu dokumentieren, die dann verbindlich in die Organisation einfließen.

Wenn Sie die KPI aus unterschiedlichen Kategorien in eine oder mehrere Balanced Scorecards (BSC) integrieren, erhalten Sie eine sehr gute daten- und zahlengetriebene Unterstützung für die Kontrolle Ihrer strategischen Ziele – nicht in Echtzeit, aber in einem vorab definierten periodischen Ablauf.

Der Begriff Balanced Scorecard heißt übersetzt „ausgewogenes Kennzahlensystem" und wurde das erste Mal von Robert S. Kaplan und David P. Norton (1997) zu Beginn der 1990er Jahre an der Harvard University formuliert. Laut den beiden Wissenschaftlern ist die BSC eine gut verständliche Übersetzung der Strategien und Mission eines Unternehmens (Bild 4.2).

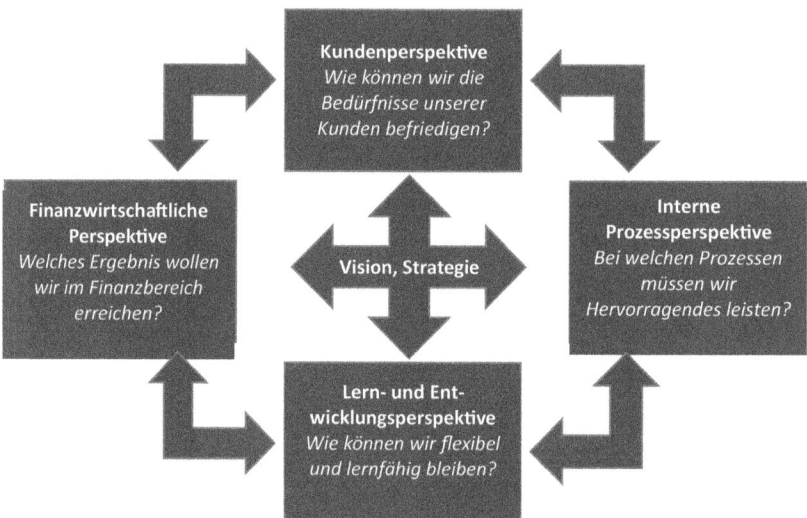

Bild 4.2 Modell einer Balanced Scorecard (Kaplan, Norton 1997)

Den Unterschied zwischen Dashboard und Scorecard können Sie sich in etwa so vorstellen wie den Unterschied von Armaturenbrett und Navigationssystem im Auto: Das Dashboard zeigt Ihnen Tankfüllung, Motorendrehzahl und Geschwindigkeit an, das Navigationssystem führt Sie ans Ziel.

Die Webseite *www.bscdesigner.com* bietet zahlreiche vordefinierte KPI. Nutzer können hier einfach auswählen und beliebig eigene KPIs definieren, die sich an den verabschiedeten Strategien sowie vorab festgelegten Zielen ausrichten.

4.3.2 Digitalisierungsscorecard

Wissenschaft und Wirtschaft sind sich über zwei Dinge einig: Die Digitalisierung führt zur Transformation von Geschäftsmodellen, und das wiederum ist die wohl wichtigste Aufgabe des Top-Managements. Deshalb wurde die Balanced Scorecard mittlerweile zu einer Digitalisierungsscorecard (DSC) weiterentwickelt. Sie hilft dabei, die Transformation hin zu digitalen Geschäftsmodellen transparent zu machen, zu gestalten, zu lenken, zu leiten, zu implementieren und zu optimieren (Becker, Schuhknecht, 2019). Nachfolgend die zentralen Aspekte:

1. Schaffung eines gemeinsamen und integrativen Digitalisierungsverständnisses von einer rein technologischen Betrachtung hin zu ökonomischen Aspekten. Alle relevanten Punkte müssen in der Digitalisierungsscorecard abgebildet werden. Wichtig ist dabei die Herstellung eines expliziten Zusammenhanges zwischen Digitalisierung und den Geschäftsmodellen inklusive einer transparenten Wertschöpfung.

2. Zwang der Einbettung der Digitalisierungsstrategie in einen unternehmenspolitischen Gesamtkontext und einen ganzheitlichen Strategieprozess – unter Berücksichtigung der Struktur und Kultur. In Unternehmen mit sehr viel traditionellem Geschäft stellt die Digitalisierungsstrategie einen „Mittler" zwischen den ursprünglichen und transformierten Geschäftsmodellen dar (Becker, Ulrich, 2018).

3. Unterschiedliche Kategorien und Perspektiven stellen ein Gleichgewicht zwischen den verschiedenen Unternehmensaktivitäten sicher, Realisierung eines ganzheitlichen, digitalen und nachhaltig transparenten Unternehmens, strategische Ressourcenplanung, Heben von Prozessoptimierungseffekten.

4. Alle harten und weichen Kennzahlen und Daten sind vorab definierbar, spezifisch definiert im neuen digitalen Kontext, dynamisch und direkt mit

dem strategischen digitalen Unternehmenserfolg verbunden und werden in einem Berichtssystem eingebunden. Stichwort: ganzheitliches Controlling.

5. Effiziente Möglichkeit, die Belegschaft ausführlich mit ins Boot zu nehmen, zu beteiligen, zu informieren und strategische digitale Zusammenhänge aufzuzeigen und den Mitarbeitenden belastbare und aktuelle Kennzahlen und Daten zu liefern, auf deren Basis sie das digitale Geschäft entwickeln können.
6. Ermöglicht die Erfassung von sich gerade in der digitalen Welt sehr rasch verändernden Bedingungen und gewährleistet eine dynamische Anpassung der Strategien durch permanente Daten- und Wettbewerbsanalyse. Fördert das Lernen von stetig neuen Erkenntnissen in der Transformation hin zu digitalen Geschäftsmodellen.
7. Generierung von konkreten digitalen Handlungsvorgaben für die Mitarbeitenden.
8. Schaffung von Anreizsystemen, die an den neuen Kennzahlen und Daten der digitalen Welt ausgerichtet sind.

Wichtig ist, dass eine klar formulierte gemeinsame Festlegung der digitalen Ziele, Strategien, Kennzahlen und exakten Messgrößen unternehmensübergreifend und auch pro Abteilung vorliegt. Das sollte kein statischer, sondern ein dynamischer Prozess sein, bei dem das Führungsteam in bestimmten zeitlichen Abständen die Anpassung der digitalen Ziele und Strategien an die Realität vornimmt. Die aus diesem Prozess hervorgehenden Ergebnisse sind in die Organisation offen zu kommunizieren und in die Implementierungspläne einzubringen.

Ein weiteres Tool, mit dem Sie Ihr Unternehmen unter einer nachhaltigen Perspektive effizient steuern können, ist die Sustainability Scorecard (SSC). Sie zielt darauf ab, die drei Ebenen Ökonomie, Ökologie und Soziales miteinander zu verbinden. Immer mehr Unternehmen haben inzwischen erkannt, dass Umwelt- und Sozialaspekte langfristig eine enorme Wirkung auf den Unternehmenserfolg haben werden. Die Digitalisierung der Wirtschaft kann dabei helfen, die Wirtschaft nachhaltiger zu machen. Deshalb ist es sinnvoll, die beiden Scorecards zu kombinieren.

Die Erstellung einer oder mehrerer BSCs, DSCs oder SSCs ist allerdings ein komplexer und aufwendiger Prozess, der nur für größere Unternehmen mit einem dafür spezifisch ausgebildeten Personal sowie in Verbindung mit einem hohen Grad an IT-Unterstützung sinnvoll ist.

4.3.3 Objectives and Key Results (OKR)

Objectives and Key Results, kurz OKR (Bild 4.3), ist ein alternatives Management-System zur Balanced Scorecard, das ursprünglich Andy Grove in seiner Zeit als CEO von Intel erfunden wurde. 1999 führte John Doerr, der zuvor unter Andy Grove tätig war, das Framework bei Google ein. Es ist im Vergleich zur BSC das flexiblere und dynamischere System. Objectives sind leicht zu verstehende, qualitative Beschreibungen von Zielen, die in der Regel in den nächsten drei bis vier Monaten erreicht werden sollen.

Die Objectives sollen ehrgeizig, aber nicht unerreichbar sein und die Teams zu größeren Fortschritten und Leistungen anspornen. Unternehmen, die unrealistische und damit praktisch unerreichbare Objectives definieren, laufen Gefahr, dass die Motivation ihrer Mitarbeitenden schwindet. Key Results sind Kriterien, die den Fortschritt bezüglich der Erreichung der Objectives messen. Ein Objective sollte durch zwei bis fünf Key Results gemessen werden können. Dabei sollten die Key Results ein gewünschtes Ergebnis klar benennen und nicht bloß die Aktivitäten auf dem Weg dorthin beschreiben.

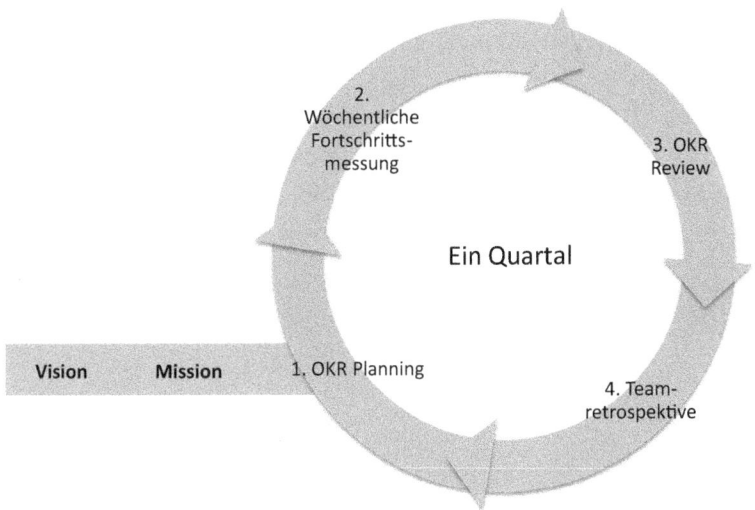

Bild 4.3 OKR-Framework (Summerer/Maisberger 2020)

Alle Beschäftigten werden auf ein oder mehrere Objectives eingeschworen. Mitarbeitende sollten in einem gemanagten Prozess bei der Festlegung der Objectives beteiligt werden, um eine möglichst breite Akzeptanz im Unternehmen zu schaffen und auch den Erfolg von OKR sicherzustellen.

Folgende Vorteile sprechen für die OKR-Methode:

- Ausrichtung auf gemeinsame, eher kurzfristige Ziele, die den konkreten Arbeitsalltag betreffen.
- Abschaffung der Silo-Betrachtung von Abteilungen oder Einzelpersonen.
- Durch das Setzen von übergeordneten Zielen werden Arbeitskräfte animiert, alle gemeinsam am Erreichen der übergeordneten Ziele zu arbeiten. Ziele können bis auf eine konkrete Person heruntergebrochen werden.
- OKRs erlauben eine einfache, schnelle und flexible Anpassung an neue Realitäten.
- OKRs animieren zur Selbstregulierung und zu agilem Verhalten. Anpassungen erfolgen bidirektional (nach oben und nach unten).
- Der Fortschritt der Zielerreichung ist durch die Einfachheit des Prozesses jederzeit für alle Mitarbeitenden sichtbar und nachvollziehbar. Fortschritte sind nachhaltig zu dokumentieren und zu kommunizieren.
- Probleme können bereits frühzeitig erkannt und mit konkreten Maßnahmen behoben werden.

Auch dieses Framework benötigt einen spezifischen personellen Fokus, setzt aber weit weniger Ressourcen voraus als der Einsatz der BSC. Es gibt Unternehmen, die beide Frameworks aus unterschiedlicher Motivation miteinander kombinieren, um ein noch besseres und transparenteres Steuerungsinstrument sowohl für kurz- als auch für langfristige Ziele zu haben. Bei der Implementierung eines kombinierten Systems sollten beide Frameworks sich sinnvoll ergänzen und jeweils neue, relevante und aussagefähige Informationen liefern. Wenn das nicht der Fall ist, wird eine Organisation überfrachtet und alle Beteiligten durch zu viele Zahlen abgelenkt, ohne dass ein Mehrwert entsteht.

 Wenn Sie über ein Managementsystem nachdenken, sollten Sie auch dabei Aufwand und Nutzen sehr genau im Blick behalten.

4.4 Auf Nachhaltigkeit fokussieren

Der Umbau von Unternehmen in eine klimaneutrale Organisation wird in Zukunft immer wichtiger, da die Kunden und auch die Politik immer konsequenter darauf achten werden, ob sie alle notwendigen Anstrengungen unternehmen, um Produkte und Services nachhaltig und CO_2-neutral produzieren und vertreiben.

Darüber hinaus kann Nachhaltigkeit nicht nur in Krisenzeiten einen Wettbewerbsvorteil darstellen. Das Unternehmen wird allgemein attraktiver für das aktuelle Personal und potenzielle neue Teammitglieder, denn durch ein nachhaltiges Wirtschaften steigt das Renommee des Unternehmens in der Öffentlichkeit. Das erklärt, warum sich immer mehr Unternehmen freiwillig der Nachhaltigkeit verschreiben.

Sie tun das unter dem Begriff Corporate Social Responsibility (CSR). CSR ist ein Dreiklang von ökologischer, sozialer und wirtschaftlicher Verantwortung und spiegelt eine Denkhaltung. Es geht nicht darum, ob das Unternehmen überhaupt Gewinne machen sollte oder wie der Unternehmensgewinn verwendet wird, sondern um die Art und Weise, wie die Gewinne erzielt werden und inwieweit das externe Kosten verursacht, Kosten, die der Gesellschaft entstehen.

 Das unternehmerische Handeln sollte umweltverträglich, sozial verantwortlich und zugleich ökonomisch erfolgreich sein.

Bild 4.4 zeigt am Beispiel eines Dienstwagens, welche Ebenen nachhaltiges Handeln einbeziehen kann.

Bild 4.4
Beispiel für Nachhaltigkeitsmaßnahmen auf verschiedenen Ebenen (Ruppert-Winkel et al., 2017)

Jedes Unternehmen verursacht Kohlendioxid-Emissionen, unabhängig davon, wie nachhaltig und sparsam es wirtschaftet. Deshalb ist es wichtig, im gesamten Unternehmen einen ambitionierten Reduktionspfad in den Klimaschutz und die Klimaneutralität als ein wichtiges strategisches Ziel der Unternehmensführung zu etablieren, zu leben und dann alles daran zu setzen, diese Ziele auch einzuhalten.

Bei den Emissionen unterscheidet man entsprechend des Greenhouse Gas Protocols, das sich als Standard durchgesetzt hat, für das Reporting zwischen Scope-1-, -2- und -3-Emissionen *(https://plana.earth/academy/what-are-scope-1-2-3-emissions/):*

- Scope 1: Direkte Kohlendioxidemissionen, die durch den Einsatz fossiler Brennstoffe zur Wärme- und Stromgewinnung, Verflüchtigung aus Klima- und Kälteanlagen sowie dem unternehmenseigenen Fuhrpark verursacht werden.
- Scope 2: Indirekte Kohlendioxidemissionen, die aus den vom Unternehmen bezogenen Energieträgern stammen, die bei der Verbrennung fossiler Brennstoffe zur Wärme-, Dampf- oder Stromerzeugung bei einem Energiedienstleister anfallen.
- Scope 3: Andere indirekte Kohlendioxidemissionen, die etwa durch die Anfahrt der Angestellten sowie Geschäftsreisen entstehen, aber auch vorgelagert die beschafften Güter und Dienstleistungen sowie die Logistik und nachgelagert die Emissionen aus der Produktnutzung, Entsorgung und finanziellen Investitionen.

Um Ihr Unternehmen klimaneutral auszurichten, sind folgende drei Schritte notwendig:

1. Bilanzierung aller relevanten Emissionen (Scope 1 – 3) oder zumindest schrittweise Bilanzierung. Einhaltung von Standards wie der ISO Norm 1 4064-1.
2. Konsequente und nachhaltige Reduzierung aller vermeidbaren Emissionen in der Wertschöpfung.
3. Kompensierung der nicht-vermeidbaren Emissionen durch den Zukauf von Zertifikaten, die nachweislich zusätzliche Emissionsrückgänge in einem Klimaschutzprojekt mit hohen Standards und hoher Glaubwürdigkeit sicherstellen. Kriterien bei der Auswahl sollten die Sicherstellung zusätzlicher Projekte, die ohne die Finanzierung durch Kompensationszertifikate nicht durchgeführt würden, die Langfristigkeit der Projekte sowie deren externe Anerkennung durch Standards sein.

Das Ziel Ihres Unternehmens sollte es sein, die Klimaneutralität möglichst aus eigener Kraft zu schaffen, das heißt mittels Vermeidung oder Reduzierung der Emissionen ohne die Kompensierung durch Zertifikate. Um das zu erreichen, müssen erhebliche Investitionen für die Zukunft eingeplant werden. Die werden sich jedoch langfristig rechnen, weil die Konsumenten und die Politik immer mehr Wert auf Klimaneutralität legen.

Unternehmen, die sich frühzeitig auf den Weg zur Klimaneutralität machen, werden eine steile Lernkurve auf diesem Gebiet hinlegen und Vorreiter für viele Innovationen sein, die anderen Unternehmen auf diesem Weg helfen. Nachhaltiges Wirtschaften wird in naher Zukunft ein wichtiges Kriterium von Kunden sein und maßgeblich darüber entscheiden, ob sie die Produkte und Services des Unternehmens kaufen oder nicht.

5 Die Erfolgsstrategie des Fortschritts: Technologie für konsequente Innovationen nutzen

Bei der digitalen Transformation gibt es in den meisten Unternehmen noch viel Spielraum für Verbesserungen. Neue Technologien sind jedoch ein zweiseitiges Schwert: Einerseits können sie die Geschäftsmodelle von Unternehmen sehr schnell obsolet machen; andererseits können sie Unternehmen dabei helfen, sich an die Spitze der Entwicklung zu setzen. Wer sie richtig nutzt, kann sich schneller und effizienter als die Wettbewerber auf die sich rasch verändernden Erwartungen der Kunden einstellen. Das eröffnet Unternehmen neue faszinierende Möglichkeiten, sofern es ihnen gelingt, Technologie sowie technologisches Denken und Know-how in allen Teilen des Unternehmens nahtlos zu integrieren.

5.1 Von der IT-Industrie lernen

Viele IT-getriebene Unternehmen haben es vorgemacht. Nun sind Sie am Zug und müssen folgende Dinge lernen: Wie Sie Ihr Geschäft strategisch weiterentwickeln und wie Sie es zu Ihrer Geschäftsgrundlage machen, sich mit Ihren Kunden systematisch und eng zu verbinden, neue Geschäftsmodelle zu erfinden und sich konsequent von einem reinen Produktanbieter zu einem agilen und leistungsfähigen Dienstleister zu entwickeln. So hebt beispielsweise die Strategie von Apple längst nicht mehr nur auf den Verkauf von iPhones ab, sondern zielt mehr und mehr auf maßgeschneiderte Services mittels Apple-ID. Dadurch entstehen zusätzlich zu den einmaligen Verkaufserlösen weitere, aber diesmal fortlaufende Erlösströme – genau das muss das Ziel in der digitalen Geschäftswelt sein. Es lässt sich mit digitalen Produkten und Services besonders einfach verwirklichen und ist dort deshalb besonders oft anzutreffen. Beispiele wie Spotify oder Netflix zeigen, dass man mit dieser Idee neue Großunternehmen aufbauen kann.

Vordringliches Ziel muss es sein, die im Unternehmen entstehenden physischen Produkte und Services konsequent, schnell und flexibel in die digitale Welt zu transformieren und darüber hinaus neue rein digitale Produkte und Dienstleistungen auf den Markt zu bringen. „Digital First" ist die Devise der Zukunft – und das heißt auch, eine spezifisch digitale Führungskultur aufzubauen.

Das geht nur mit dem „Neu-Denken" und Transformieren der Produkte in eine neue Dienstleistungswelt. Dies bedarf eines besonderen Akts des Lernens, der Kreativität und des „Über sich Hinauswachsens", um diese Schritte wirklich mutig zu gehen und dabei einen Teil seines bisherigen Geschäfts quasi selbst disruptiv zu beenden.

Fehler sind dabei unvermeidlich. Doch Sie können sie deutlich reduzieren, indem Sie die wichtigen Veränderungen immer erst nach Rücksprache und Austausch mit Ihren Teams, Kunden und Lieferanten vornehmen.

 Veränderungen werden nur durch Menschen auf den Weg gebracht, das heißt entweder durch Sie oder Ihre Kunden, Mitarbeiter, Mitarbeiterinnen und Lieferanten – im schlimmeren Fall durch Ihre Wettbewerber.

Wenn Sie sich dies immer wieder vor Augen führen, sollten Sie und Ihr Unternehmen schnellstmöglich die Durchschlagskraft entwickeln, damit der fortwährende Transformationsprozess gelingt. Wenn die Überführung der alten Geschäftsmodelle in die digitalisierte Welt richtig und zeitnah aus der Mitte des Unternehmens erdacht und durchgezogen wird, bestehen deutlich höhere Chancen, dass das Unternehmen besser und nachhaltiger auf die zukünftigen Herausforderungen vorbereitet ist. Außerdem steigt dadurch die Wahrscheinlichkeit, neue innovative Produkte und Dienstleistungen auf den Markt bringen zu können. Das wiederum führt zu einer deutlich höheren Wettbewerbsfähigkeit.

Viele, die sich dem Gedanken der bedingungslosen Innovation verbunden fühlen, sprechen von der digitalen Disruption. Dafür müssen Sie und Ihr Personal den Mut aufbringen, vieles von dem, was bisher State of the Art war, zu zerstören. Und dafür Neues in der rein digitalen Welt erfolgreich aufzubauen.

Um in der digitalen Welt zu bestehen, müssen sich Unternehmen und Führungskräfte gleichermaßen von einer produktzentrierten Sichtweise entfernen und sich einer serviceorientierten und interaktiven Denk- und Handlungsweise zuwenden. Die digitale Transformation hat durch die Pandemie verstärkt an Fahrt aufgenommen und verändert praktisch alle Märkte in einer Art und Weise, die radikal neu ist und viele an ihre Grenzen bringt.

Nur Unternehmen, die bereit sind, sich durch eine Art gedankliche und kreative Selbstzerstörung neu zu erfinden, werden in Zukunft den sich rasch verändernden Ansprüchen von Kunden, Mitarbeitenden und externen Marktpartnern gerecht werden können.

5.2 Skalierbare Plattformen und Abo-Modelle aufbauen

Die Plattformökonomie stößt in fast jede Branche vor und wird die Geschäftslogik der Unternehmen gravierend verändern. Plattformen stehen für die Zusammenführung von Konsumenten, Unternehmen und Ressourcen – sie versprechen allen Beteiligten einen deutlichen Mehrwert.

Plattformen sind eine Mischung aus technischem Betriebssystem eines Marktes, kommunikativem Marktplatz und wirtschaftlich skalierbarem Ökosystem. Im Kern geht es darum, Hersteller und Anbieter von Produkten und Services sowie Informationen mit der Community der Nachfrager und Konsumenten zusammenzubringen. Plattformen steigern den Nutzen für den einzelnen Kunden, je mehr Menschen sich der Plattform anschließen. Jeder einzelne Nutzer wird in der Plattform gleichzeitig zum Mehrwertobjekt für die anderen Nutzer (Rüchardt, Domini, 2019).

Partnerschaftlich entwickelte, passgenaue und skalierbare digitale Plattformgeschäftsmodelle entstehen auf der Grundlage von Datenströmen, die in hoher Geschwindigkeit sowie in Echtzeit verarbeitet werden. Sie verwandeln Big Data in nützliche Information über Kundenbedürfnisse, die von den Unternehmen dann zielgruppengerecht befriedigt werden können. Plattformen werden immer lernfähiger, und dieser Trend wird sich mit dem Ausbau der künstlichen Intelligenz noch verstärken. Das haben die globalen digitalen „Big Five" (Google, Amazon, Facebook, Apple und Microsoft) in den letzten zehn Jahren eindrucksvoll bewiesen.

Eine steigende Zahl von Plattformunternehmen generiert ihr Geschäft nicht mehr durch den Verkauf physischer Produkte, sondern durch die Vermietung individueller Dienstleistungen. Die kreieren sie selbst und verbessern sie permanent und kundenorientiert, wie dies zum Beispiel Spotify, Audible oder Google erfolgreich vormachen. Durch das „As-a-Service-Modell" sind die Unternehmen in der Lage, hochwertige Services und auch Produkte spezialisiert und individualisiert anzubieten.

Je breiter und tiefer die Wertschöpfung einer digitalen Plattform angelegt ist, desto wertvoller und schwerer wird es für andere Unternehmen, in diesen Markt einzutreten. Wenn Sie dann auch noch dynamische Angebote schaffen, bei denen der Kunde etwa mit einem Abonnentenmodell für die immer wiederkehrende Abnahme der vermehrt individuellen digitalen Produkte oder Dienstleistungen bezahlt, kommen Sie in ein wirklich nachhaltiges und werthaltiges Geschäftsmodell. Man spricht hier von „Recurring Revenues".

Tien Tzuo, ein anerkannter Experte für die „Subscription Economy" und CEO des in Kalifornien ansässigen Softwareunternehmens Zuora, hat folgende These aufgestellt (Tien Tzuo, 2019): Die Digitalisierung führe zu einer Renaissance des Abo-Modells nach dem Beispiel von Netflix und Spotify, die sämtliche Branchen – von der Autoindustrie über den Einzelhandel bis hin zum verarbeitenden Gewerbe – disruptieren werde. Die Autoindustrie zum Beispiel weiß genau, dass sie in 10 bis 15 Jahren weit weniger Autos verkaufen wird. Die wichtige Frage, mit der sich die Autoindustrie verstärkt befasst, ist, wie sie ihre Kunden auch ohne Autokauf rund um das Thema Mobility-Services an sich binden kann.

Die Zukunft gehört Konzepten wie Pay-as-you-go, Leasing-, Sharing- oder Abo-Modellen, bei denen regelmäßig bezahlt und Zugriff auf eine Produktpalette ermöglicht wird. Die Kunden können dabei je nach Nutzungssituation das passende Angebot ordern. Diese „As a Service"-Angebote werden sich in absehbarer Zeit in den unterschiedlichsten Märkten stark ausbreiten.

Um das für die Kunden leicht zugänglich zu machen, müssen sich Branchen und Industrien vertikal und horizontal auf den jeweiligen Plattformen zusammentun. Kollaboration statt Konkurrenz ist dafür angesagt – und das bedeutet für die Unternehmen und die Führungskräfte ein erhebliches Umdenken.

Das Ziel in der digitalen Welt muss es sein, für die Kunden leicht nachvollziehbare und nachhaltige Mehrwerte zu schaffen. Das geht nur durch eine sinnvolle und effiziente Zusammenarbeit und Wertschöpfung über Branchengrenzen hinweg. Das schont zudem Umwelt, Unternehmen und damit auch alle Mitarbeitenden. Booking.com beispielsweise bietet für den Hotelsucher umfassende Such- und Buchungsmöglichkeiten, und die registrierten Hotels sparen sich Kosten für die technologische Entwicklung. Ein Kunde muss nur eine Plattform nutzen, die ihm Produkte und Lösungen unterschiedlichster Firmen an einem Ort anbietet.

Hierzu fehlt vielen Unternehmen nach wie vor der Mut, denn alle Beteiligten müssen ihre Einzelinteressen auf bestimmten Gebieten hintenanstellen und die Bedürfnisse der Wünsche der Kunden in den Vordergrund rücken. Natürlich bedeuten eine enge technologische Zusammenarbeit und gemeinsame

Wertschöpfung auch ein Risiko. Schließlich geht damit ein Verlust an Kontrolle einher, aber der tatsächliche Mehrwert für jedes einzelne Unternehmen wird schon bald viele Unternehmen zum radikalen Umdenken zwingen. Und manche haben bereits entsprechende Angebote entwickelt. BMW beispielsweise startete zusammen mit SAP, der Telekom und mehreren Zulieferern ein Projekt zum Datenaustausch. Dabei speisen alle Teilnehmer Daten in ein Cloud-System ein, sodass am Ende die gesamte Wertschöpfungskette nachvollziehbar ist.

■ 5.3 Daten als Basis

Das Beispiel zeigt: Daten sind die Basis für künftige Geschäftsmodelle. Allerdings gilt das nur für zu sinnvollen Informationen verknüpfte Daten und die dazugehörigen Schnittstellen. Wichtig ist der Dreiklang aus der Verknüpfung von Daten, ihrer Auswertung und Zusammenfassung zu nützlichen Informationen sowie der Nutzbarmachung in bezahlten Anwendungen für Dritte. Das gesamte Unternehmen sowie jede Führungskraft, jede Mitarbeiterin und jeder Mitarbeiter müssen laufend in Daten denken und Ideen entwickeln, welche Benefits man mit ihnen generieren kann. Dazu reicht es nicht, Daten zu sammeln. Erst wenn man sie mit weiteren Daten verknüpft und daraus Anwendungen und Services aller Art gewinnt, entsteht ein Mehrwert. Der kann sowohl innerbetrieblich als auch beim Kunden in Form von Systemen und Apps, via push-Nachricht oder automatisiert *on demand* erzielt werden.

Datenplattformen gewinnen durch das Tracking des Nutzer- und Nutzungsverhalten von Produkten und Services eine ungeheure Menge an neuen Daten. Die gilt es intelligent zu sammeln, zu vernetzen, automatisiert auszuwerten und zu interpretieren, um sich auf schnellstem Weg den Kunden und ihren sich rasch wandelnden Bedürfnissen anzupassen. Unternehmen müssen viel stärker als bisher die Kraft der Kundendaten und der Daten um den Kunden herum nutzen. Das ermöglicht es, die Kunden besser kennenzulernen und auch schneller Erkenntnisse für neue Produktangebote zu gewinnen: Der Weg führt vom anonymen Käufer hin zum transparenten Abonnenten, dessen Adresse, Geburtsdatum, Vorlieben und komplette Konsumhistorie bekannt sind. Die Datenmenge entwickelt sich daher exponentiell – dafür sorgen die digitale Vernetzung und das automatisierte Zusammenwachsen von Produkten und Maschinen mit dem Internet zum sogenannten Internet of Things (IoT).

Das Internet of Things ist ein verbraucherorientiertes Konzept für die Nutzung von digitalisierten und vernetzten Produkten und Geräten. Hier handelt es sich um ein Netzwerk physischer und virtueller Gegenstände, die mit Elektronik, Software, Sensoren, Aktuatoren oder Konnektivität eingebettet sind. Fahrzeuge, Haushaltsgeräte, Unterhaltungsgeräte und andere Objekte des täglichen Lebens sammeln Informationen und Daten über die Nutzung. Diese Daten können miteinander verknüpft und ausgetauscht werden, sodass eine direkte Integration der physischen Welt in digitale Systeme möglich wird.

Die digitale Vernetzung von Menschen, Produkten und Maschinen – oft definiert als Industrie 4.0 – basiert auf vernetzten und automatisierten Maschinen, die Netzwerkressourcen und -schnittstellen nutzen, um sich selbst und auch ihr Umfeld zu überwachen und auch neu zu gestalten. Dafür benötigen Unternehmen neben dem digitalen Know-how vor allem eine IT-Infrastruktur, die sich durch große Rechenleistung und Speicherkapazität auszeichnet.

Der Bedarf an Rechenleistung nimmt mit wachsenden Datenmengen exponentiell zu, was auf Dauer jede Unternehmens-IT an ihre Grenzen bringt. Deshalb setzt mittlerweile jedes zweite Unternehmen auf Cloud Computing. Ohne Cloud Computing können die Unternehmen die stark wachsenden Datenmengen gar nicht mehr verarbeiten. Sie bietet den Unternehmen die Möglichkeit, ihren Kunden neue digitale Serviceleistungen anzubieten, und eröffnet ihnen dadurch neue Wege der Wertschöpfung. Das geschieht hauptsächlich durch die Erfassung und Evaluierung von Daten in Echtzeit. Mit diesen Daten lassen sich zum Beispiel Produktions- und Wartungsprozesse planen und effizienter gestalten oder neue Geschäftsmodelle wie digitale Marktplätze umsetzen.

Wichtig ist, dass die Unternehmen ihren digitalen Kern in die Cloud bringen. „Das digitale Abbild des Unternehmens bietet die Chance, sämtliche Prozesse in Echtzeit zu verfolgen und zu steuern und wird dadurch für den Wettbewerbsvorteil entscheidend sein", schreibt Frank Riemensperger, Chairman von Accenture Germany (*www.cio.de,* 2020). Aufgrund der künftig angebotenen Möglichkeit, Quantenrechenleistung über die Cloud anzubieten, werden Rechner in der Lage sein, immer komplexere und umfangreichere Probleme zu lösen.

 Mehrwert von IoT-Lösungen

Jan Metzner, Specialist Solutions Architect IoT bei Amazon Webservices (*www. Industry-of-things.de,* 2018), zeigt anhand von sechs Beispielen auf, welchen Mehrwert IoT-Lösungen in einer Cloud-Architektur bringen:

1. *Wertvolle Informationen gewinnen:* Ob Messdaten für die Wartung von Maschinen oder Informationen für eine effiziente Ressourcenplanung: Aus Daten können Informationen generiert werden, um Produktions- und Geschäftsprozesse zu optimieren.

2. *Angebote aktuell halten:* Die Verbindung von Geräten mit dem Internet ermöglicht regelmäßige Updates, mit dem sich neue Funktionen ohne großen Aufwand hinzufügen lassen.
3. *Die Interaktion mit Produkten intuitiver gestalten:* Tastatur und Fernbedienung sind out. Die intuitive Bedienung von Tablets und Smartphones über Touchscreens und Sprachsteuerung wird künftig die Steuerung von Geräten und Maschinen vereinfachen.
4. *Netzwerkknoten verbinden:* Je mehr Geräte und Maschinen zu steuern sind, desto schneller wird sich die Mesh-Netzwerktechnologie durchsetzen, die jeden Netzwerkknoten mit einem oder mehreren anderen verbindet. Informationen werden dann von Knoten zu Knoten weitergereicht, bis sie das Ziel erreichen.
5. *Die Effizienz von Maschinen/Produktion steigern:* Viele Unternehmen nutzen das IoT, um die Wartung von Produkten zu optimieren und Kosten zu sparen. Wer Zulieferer und Partner mit einbezieht, kann weitere Effizienzgewinne realisieren.
6. *Mitarbeitenden und Partnern mehr Überblick und Transparenz verschaffen:* Das IoT ermöglicht es, Informationen einfacher zu konsolidieren und zentral zur Verfügung zu stellen. Digitale Workflows und Plattformen erleichtern die Arbeit in diesem Zusammenhang enorm.

5.4 Die Rolle der künstlichen Intelligenz

Daten und Digitalisierung bilden die technische Grundlage für künstliche Intelligenz (KI). Ihr Einsatz soll den Menschen nicht überflüssig machen, sondern den technologischen Wandel effizienter ermöglichen und Management, Kunden, Belegschaft und Gesellschaft gleichermaßen zugutekommen. Deshalb ist es wichtig zu erkennen, welch elementaren Einfluss diese rasant voraneilende Technologie als Treiber für nachhaltige Veränderungen haben wird. Eines ist klar: Technologie muss stärker als bisher in den Mittelpunkt des Unternehmens und seiner Geschäftsmodelle rücken.

In vielen Unternehmen sind die Geschäftsprozesse und die IT-Architektur noch nicht an den Bedürfnissen des Kunden ausgerichtet. Das Kernproblem besteht darin, dass die Geschäftsmodelle historisch um organisatorische Silos wie Geschäftsbereiche oder Technologiefelder gebaut werden, statt sich ausschließlich an den Bedürfnissen der Kunden zu orientieren.

Künstliche Intelligenz kann Produkte und Services intelligenter machen und sie effizient und durch das gesteigerte Nutzen und Ausschöpfen von Daten automatisiert und dynamisch den Veränderungen der Kunden anpassen. Wer die Digitalisierung meistern wolle, sei gut beraten, menschliche und maschinelle Intelligenz konstruktiv miteinander zu verknüpfen, empfiehlt das Zukunftsinstitut auf seiner Homepage. Das verlangt das Aufsetzen von neuen und an die technologischen Möglichkeiten angepasste Prozesse. Für den Einsatz von KI gilt im Grunde dasselbe wie für die Digitalisierung selbst: Wer einen schlechten Prozess digitalisiert, erhält einen schlechten digitalisierten Prozess.

Im Unterschied zur reinen Datenverarbeitung ermöglicht die künstliche Intelligenz Prognosen. KI kann beispielsweise die Bewegung eines Autos berechnen und durch Gegensteuerung seine Kollisionswahrscheinlichkeit reduzieren. KI kann Millionen von Patientenbildern nach Anzeichen einer Krebserkrankung untersuchen und den Arzt darauf hinweisen. KI kann zeigen, wie sich Verkehrs- und Warenströme unter bestimmten Bedingungen entwickeln. Damit erleichtert KI nicht nur die Entwicklung komplexer Systeme, sondern hilft auch, sich besser darin zurechtzufinden. Sie macht aktuelle und zukünftige Entwicklungen transparenter, was für das Führen von Unternehmen ein großer Vorteil ist. Mittels technischer Verfahren wie maschinellem Lernen oder tiefer neuronaler Netze können Modelle aus existierenden Datenbeständen übernommen und Vorhersagen abgeleitet werden.

Schon heute kommen in der Fertigung, der Verwaltung oder dem Finanzwesen automatisierte Verfahren zum Einsatz. Dabei handelt es sich jedoch weitgehend um Robotic Process Automation (RPA), bei der die Abläufe rein von der Software gesteuert werden. Diese können zwar komplex sein, doch sie laufen stets gleich ab. KI hingegen kann auf der Grundlage von Daten und Informationen selbstständig mittels Logik Muster erkennen, sich selbst verbessern und die Arbeit eigenständig besser organisieren. Kognitive Technologien nennt sich der Bereich der Informatik, der Funktionen des menschlichen Gehirns durch verschiedene Mittel imitiert, einschließlich natürlicher Sprachverarbeitung, Data Mining und Mustererkennung. Die wichtigsten kognitiven Technologien für KI-Lösungen sind:

- *Maschinelles Lernen* (machine learning) ist die Fähigkeit von Computersystemen, ihre Leistung eigenständig, also ohne programmierte Anweisungen, durch gezielte Sichtung und Analyse von Daten zu verbessern.
- *Predictive Analytics* nutzt Datenmodelle für Vorhersagen und zeigt Handlungsalternativen auf, um die Eintrittswahrscheinlichkeit prognostizierter Ergebnisse zu beeinflussen.
- *Automatische Sprach- und Bilderkennung* erleichtert und verbessert die Schnittstellenkommunikation zwischen Mensch und Maschine an der Hu-

man Machine Interface (HMI). Die Fähigkeit, Sprache automatisch und exakt zu erkennen und zu deuten, ist heute bereits gegeben. Allerdings basiert Sprache nicht nur auf Logik und Vektoren, sondern spiegelt auch Stimmungen und Gedanken. Beides kann selbst intelligente Technologie noch nicht erkennen.

Machine Learning erfordert eine komplexe Mathematik und viel Codierung, um schließlich gewünschte Funktionen und Ergebnisse zu erhalten. Maschinen verfügen heute bereits über analytische Fähigkeiten, um einfache Entscheidungen zu fällen. Komplexere Entscheidungen sind allerdings nicht möglich. Diese scheitert zum einen, weil die Algorithmen nicht genügend Daten zur Verfügung haben und zum anderen, weil Menschen neben der Logik auch implizites Wissen in ihre Entscheidungen einfließen lassen, die Intuition. Die Abbildung von Intuition kann die Technologie noch nicht leisten.

Algorithmen können durch kontinuierliche Analyse ähnliche Schlussfolgerungen ziehen, wie es ein Mensch tun würde. Um das zu erreichen, verwendet man eine mehrschichtige Struktur von Algorithmen, die neuronale Netze genannt werden. Das Design des neuronalen Netzwerks orientiert sich an der Struktur des menschlichen Gehirns. Genauso wie wir unser Gehirn verwenden, um Muster zu identifizieren und verschiedene Arten von Informationen zu klassifizieren, kann man Deep-Learning-Algorithmen programmieren, dieselben Aufgaben für Maschinen auszuführen. Das macht tiefgehendes Lernen wesentlich leistungsfähiger als das reine maschinelle Lernen. Insofern ist Deep Learning die nächste Evolutionsstufe des Machine Learnings, und Maschinen werden bald wissen, wie sie ihre eigenen Entscheidungen treffen können, ohne dass ein Programmierer sie ihnen vorgibt (Bild 5.1).

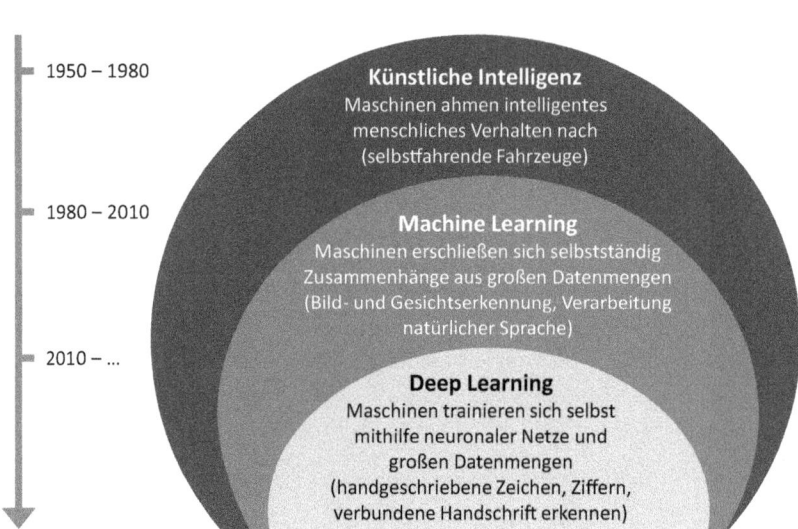

Bild 5.1 Evolutionsstufen von KI (Cole, 2020)

■ 5.5 Wie künstliche Intelligenz bei der Entscheidungsfindung hilft

Um die Vorteile der künstlichen Intelligenz für die Entscheidungsfindung zu nutzen, lohnt sich ein Blick auf die Kriterien, die Menschen bei ihren Entscheidungen heranziehen. Intelligente Algorithmen sollten in jeder Entscheidungsstufe menschliches Urteilsvermögen miteinbeziehen. Denn Algorithmen sind bislang lediglich smart im engeren Sinne, weil sie große Datenmengen verarbeiten können. Sie sind aber noch nicht smart genug, um eine denkende Maschine zu sein. Am besten begreift man sie als gedankliche Werkzeuge, die das menschliche Denken verbessern können, das nur eine begrenzte Zahl von Daten und Informationen verarbeiten kann. Algorithmen sind aber keine künstlichen Gedanken. Sie lösen nur dann Probleme, wenn diese berechenbar gemacht werden.

Das ist der Fall, wenn wir eine Vorschrift zur Lösung des Problems aus einzelnen Anweisungen finden, die klar und eindeutig formuliert ist. Die in Kapitel 3 vorgestellten Konzepte Design Thinking (DT) und Human-Centered Design (HCD) sehen vor, dass intelligente Algorithmen in jeder Stufe der Entscheidungsfindung menschliches Urteilsvermögen einbeziehen. So schaffen sie die

Voraussetzungen für den erfolgreichen Einsatz von künstlicher Intelligenz in Unternehmen. Maschine und Mensch arbeiten unter bestimmten Voraussetzungen synergetisch und konstruktiv als Partner zusammen. Dafür spielt die Offenlegung, wie Algorithmen arbeiten, eine entscheidende Rolle für ihre Akzeptanz bei Mitarbeitenden und Usern. Nur dann sind sie bereit, dem Einsatz intelligenter Technologie zu vertrauen.

Beide Ansätze haben in Methodik und Projektrealisierung starke Ähnlichkeiten, unterscheiden sich aber deutlich in ihrer Zielsetzung. Im Fokus des HCD steht die gute Bedienbarkeit (Usability) eines Produkts oder Arbeitsablaufs und eine positive Nutzererfahrung (User Experience). Im Gegensatz dazu ist das Design Thinking (DT) auf die Entwicklung origineller, kreativer Lösungen für vielschichtige Probleme ausgerichtet.

Beide Ansätze haben vordergründig nicht nur etwas mit Technologie zu tun, sondern liefern auch Ansätze für die Verbesserung der Unternehmenskultur und der Innovationsfähigkeit eines Unternehmens. Dennoch können beide Ansätze eine enorme Wirkung entfalten, wenn Technologie dafür als wichtigster Enabler und als leistungsfähiges Fundament angesehen und auch genutzt wird.

■ 5.6 Das Denken in Silos und Boxen eliminieren

Etablierte Unternehmen verfügen meist noch über Organisationsstrukturen und Hierarchien, die das Denken in Fachbereichen und Abteilungen fördern. Diese sogenannten Silos müssen beseitigt und an ihrer Stelle systematisch Teams mit unterschiedlichsten Menschen und Skills eingesetzt werden. Ihr Ziel ist es, Ideen zu entwickeln, wie der Aufbau digitaler Plattformen auf der Basis eines gemeinsamen, smarten und nutzerfreundlichen Verständnisses zwischen dem Unternehmen, seinen Kunden und den übrigen Marktpartnern erfolgreich umgesetzt werden kann.

Social Networks, Wikis, Blogs, digitale Events und auch andere Informationskanäle können den Teams helfen, dass Kunden ihr Feedback direkt adressieren können. So wird es für das Unternehmen erst transparent und als wertvolle Informationsquelle für die Teams verfügbar. Diese Erkenntnisse können effizient in die Optimierung der Produkte und Dienstleistungen einfließen und führen bei guten Ergebnissen zu einer individualisierten und automatisierten Befriedigung der Kundenbedürfnisse.

Die Tools zur Vernetzung sind längst vorhanden, mit deren Hilfe sich Kollegen und Kolleginnen auf den unterschiedlichsten interaktiven Plattformen wie Unternehmenschats und -foren austauschen und Projekte planen und realisieren können. Kunden beschreiben ihre Erfahrungen und Erlebnisse auf Social Media und können bei der Produktgestaltung aktiv einbezogen werden. Lieferanten geben ihren Input zur besseren Allokation von Ressourcen und Gestaltung von Lieferketten.

Das Internet oder die Cloud werden häufig als das kollektive Wissen bezeichnet. Neue Informations- und Kommunikationstechnologien ermöglichen es, die Informationsflut und das dezentral verstreute Wissen von Individuen zu sammeln. Mit Big-Data-Analysen und intelligenten Algorithmen werden das über riesige Datenmengen verstreute Wissen und die Schwarmintelligenz nutzbar. Dafür stehen zahlreiche Werkzeuge zur Verfügung: Activity-Streams, Apps, Blogs, Wikis, Collaboration Software und Dokumenten-Sharing. Schwarmintelligenz entwickelt sich zu einer Ressource für Unternehmen und ermöglicht Crowdsourcing (die Auslagerung traditioneller interner Teilaufgaben an eine Gruppe freiwilliger User) und Open Innovation (die Öffnung des Innovationsprozesses eines Unternehmens und damit die aktive Nutzung der Außenwelt zur Vergrößerung des Innovationspotenzials).

 Nutze die Intelligenz der Vielen, nutze die Schwarmintelligenz

Das Internet fördert zahlreiche Wege der Zusammenarbeit und Kollaboration. Es muss in unserer Wirtschaft daher noch viel stärker ein „Raus aus der Box"-Denken entwickelt und gelebt werden. Unternehmen schotten sich gegenüber der Konkurrenz und der Öffentlichkeit immer noch zu sehr ab, um ihre Betriebsgeheimnisse zu schützen. Indem sie versuchen, ihren vermeintlichen USP und die Wettbewerbsfähigkeit nicht zu riskieren oder zu verlieren, setzen Unternehmen mittelfristig ihre Existenz aufs Spiel, weil sie die in der Zusammenarbeit liegenden Chancen verpassen.

5.7 In übergreifenden Branchenplattformen denken

Das Problem der Plattformökonomie besteht aktuell noch darin, dass alle Unternehmen ihre eigenen separaten Plattformen bauen, um die Kunden nicht mit der Technologie, den Produkten und Services der Wettbewerber konfrontieren zu müssen. Das lässt sich wirtschaftlich aber nur von Großunternehmen oder stark wachsenden Start-ups, die viel Geld von Investoren für ihren Geschäftsaufbau erhalten, umsetzen.

Ziel einer Plattformökonomie ist es, den Verkauf von Produkten und Dienstleistungen auf breiter Basis durch alle beteiligten Marktpartner zu ermöglichen beziehungsweise Ressourcen zu teilen und effizient zu nutzen. Jeder Marktteilnehmer soll durch eine effiziente Plattform seine eigene Wertschöpfung realisieren können. Im Plattformgeschäftsmodell wird das einzelne Unternehmen zum Koordinator verschiedener Partner und Vermittler. Die digitalen Schnittstellen verändern dabei sämtliche Abläufe der Unternehmen und Kunden mit rascher Geschwindigkeit.

Die Kunden wollen nicht von einer Plattform zur nächsten springen müssen, um Produkte oder Services zu vergleichen. Sie wollen zu jeder Kategorie einer Industrie oder einer Branche am liebsten *eine* Plattform, auf der sich die einzelnen Unternehmen mit den Produkten und Services gemeinsam präsentieren. Nur so können sie das Angebot eines ganzen Marktsegments transparent vergleichen und smart bestellen. Plattformanbieter wie booking.com oder Lieferando.de haben sich in ihren jeweiligen Märkten eine herausragende Stellung erarbeitet.

 Übergreifende Branchenplattformen können den Schlüssel zur effizienten und nachhaltigen Wertschöpfung bieten!

In Plattformen zu denken, ist die Kunst, physische und virtuelle Orte zu konzeptionieren und umzusetzen. An ihnen wirken verschiedene Akteure zusammen und gestalten gemeinsam Angebote für ihre Kunden. Eine erfolgreiche Plattform kann die Kunden oder Nutzer binden, sie erleichtert die Information und fördert nachhaltig die Wertschöpfung. Die Plattformen passen sehr gut zu den sich verändernden Erwartung der Kunden. Produkte und Services müssen nicht nur passgenau, sondern auch sofort verfügbar sein. Plattformen sollten ausschließlich vom Kundennutzen her gedacht und aufgebaut werden.

Gerade für mittelständische Unternehmen sind gemeinsame digitale Aktivitäten eine absolute Notwendigkeit, um Innovationen zu entwickeln und auf den unterschiedlichen Märkten mithalten zu können. Jedes mittelständische Unternehmen ist für sich allein genommen viel zu klein, um allein digital erfolgreich unterwegs zu sein. Plattformen leben von der Größe, weshalb sich eine möglichst große Anzahl von Anbietern zusammenfinden muss. Es gibt hier auch die Möglichkeit, hybride Plattformmodelle zu entwickeln, die das tradierte Geschäftsmodell mit einem Plattformgeschäft verknüpfen, um eigene Aktivitäten dorthin auszulagern oder neu aufzubauen. Diese Veränderungsprozesse umfassen das gesamte Unternehmen, seine Belegschaft und natürlich die Kunden.

 Jede Führungskraft braucht ein technologisches Grundverständnis, wenn sie in Zukunft erfolgreich sein will. Digitalisierung annehmen als Key-Herausforderung der Zukunft!

Um die Grundlagen der Informatik zu verstehen, muss man wissen, wie Computer in Netzwerken miteinander agieren. Die heutigen Programmiersprachen arbeiten alle nach einem ähnlichen Schema und haben die gleichen Grundelemente. Man muss lernen, wie man Probleme und Aufgaben in kleinen Schritten angeht und logisch löst – eine Fähigkeit, die heute überall gefragt ist. Coding ist die logische Fähigkeit, Beziehungen und Relationen zwischen Daten, Systemen und Technologien herzustellen und zu verstehen.

Ihr Unternehmen muss von Menschen durchdrungen sein, die Technologien, Daten, Know-how und Digitalisierung quasi im Blut haben – und zwar in allen Bereichen des Unternehmens und speziell im Top-Management. Es gibt heute immer noch sehr viele Unternehmen, bei denen die Technologen oder Datenexperten in der zweiten Reihe arbeiten. Damit fehlen in den Führungsetagen das technologische Know-how und die Überzeugung und das Vorstellungsvermögen, was Technologie heute für eine enorme Innovationskraft entwickelt. Ohne den effizienten Einsatz von Technologien lassen sich keine neuen Geschäftsmodelle mehr aufbauen.

5.8 Technologen ins Top-Führungsteam holen

Es sollten heute zwingend ein Chief Information Officer (CIO), ein Chief Technology Officer (CTO) und/oder ein Chief Digital Officer (CDO) in der Unternehmensleitung vertreten sein, um den so wichtigen Innovationstreiber Technologie in allen unternehmerischen Aktivitäten fest zu verankern. Das Bewusstsein, wie unabdingbar Technologie für den künftigen Erfolg von Unternehmen ist, muss stärker angefacht werden. Die teilweise immer noch vorherrschenden Vorbehalte gegen Technologien müssen dagegen dringend aus den Führungszirkeln der Unternehmen verbannt werden.

Die CIO, CTO und CDO werden meist zu spät in die Strategieentwicklung und -umsetzung einbezogen. Dementsprechend droht den Strategien ein Scheitern, weil sie ihrer Zeit hinterherhinken. Die für die Technologie verantwortlichen Führungskräfte sollten im Gegenteil frühzeitig und eng in die Entwicklung der Unternehmensstrategien einbezogen werden, damit das technologische Denken und Verständnis direkt in den Führungskreisen verankert wird und in die Gesamtstrategie des Unternehmens einfließen kann. Dann können die richtigen technologischen Maßnahmen auch gut umgesetzt werden.

Sie und auch viele Ihrer Mitarbeitenden müssen heute in der Lage sein, auf der Basis eines gewissen technologischen Know-hows die Chancen und Risiken von Technologien und Tech-Tools vernünftig zu bewerten. Nur so können Sie smarte Produkte und Services entwickeln, die die Bedürfnisse Ihrer Kunden optimal befriedigen oder (besser: und) mit gezieltem Technologieeinsatz Ihre internen Abläufe verbessern und beschleunigen.

Dabei geht es auch um die essentielle Entscheidung, ob Sie eine eigene Technologie aufsetzen oder besser und effizienter auf bereits am Markt bewährte Technologien zugreifen und diese an die speziellen Anforderungen Ihres Unternehmens anpassen. Selbst ein Softwaregigant wie Microsoft musste 2012 erkennen, dass er im Technologiebereich das eine oder andere Problem im Vergleich zur Konkurrenz hat. In der Folge wurde die Unternehmensberatung Accenture beauftragt, die Entwicklungsmethoden und -verfahren von Microsoft mit denen von ausschließlich digital tätigen Unternehmen wie Google, Facebook, Amazon oder Netflix zu vergleichen. Diese anerkannten Branchenführer dienten als Benchmark und sollten im Assessment den Entwicklern helfen, die eigene Strategie in Richtung Cloud-native neu festzulegen und zu optimieren.

Nach einer eingehenden Analyse zahlreicher Daten und Informationen war klar, dass sich die Grundpfeiler des Konzerns wie etwa Hierarchien, Berichtswege und Erlösmodelle verändern müssen. Als einer der ersten Schritte wurden in den Entwicklungsabteilungen die Hierarchien vereinheitlicht, und alle Mitarbeitenden bekamen die gleichen Aufstiegschancen. Die Teams erhielten mehr Autonomie darüber, welche Arbeiten sie in vorher bestimmten Gebieten leisten sollten.

Technologie verändert nicht nur Geschäftsmodelle, sondern auch die Technologieabteilungen selbst müssen sich laufend in ihrer Arbeitsweise, Geschwindigkeit (Stichwort Agilität) und Kommunikation anpassen. Dabei geht es unter anderem darum, wie man technologische Sachverhalte in die Business-Sprache übersetzt und damit für die Unternehmensführung verständlich macht. Das ist keine leichte Aufgabe angesichts der unterschiedlichen Denkstrukturen und Sprachen von Technologen und kaufmännischen Geschäftsführern. Es stellt eine große Herausforderung dar, die aber lösbar ist, wenn beide Seiten unvoreingenommen aufeinander zugehen und die Themen diskutieren.

 Diskussionen und kritische Auseinandersetzung erhöhen meist das gegenseitige Verständnis.

6 Die Erfolgsstrategie der Anpassung: Komplexität als Chance erkennen

Sehr häufig wehrt sich das Management gegen zu viel Komplexität. Die meisten Führungskräfte betrachten Vielschichtigkeit als etwas Negatives. Deshalb soll Komplexität unbedingt reduziert werden.

Dabei wird Komplexität mit Kompliziertheit verwechselt. Heute und in der Zukunft wird sich Komplexität deutlich erhöhen. Komplexität erzeugt Unsicherheit und Ängste. Natürlich wollen wir uns vor Ängsten schützen. Deshalb blendet unser Gehirn verworrene und undurchschaubare Dinge aus. Übrig bleibt dann das, was wir schon immer kennen. Wir sehen nicht das Ganze, und deshalb unterlaufen uns Fehler. Das kann zu Misserfolgen führen. In seinem Buch „Die Logik des Mißlingens" (2003) schreibt Dietrich Dörner: „Der Misserfolg wird logisch programmiert." Eigentlich müsste es heißen: „Der Misserfolg wird *psycho*logisch programmiert."

Die allgemeine Vernetzung der Wirtschaft und der Geschäftsprozesse sowie die zunehmende technische Intelligenz von Produkten und Services tragen erheblich zur steigenden Komplexität bei. Denn Unternehmen sind geprägt von Wechselwirkungen und nicht von linearen Rückkoppelungen. Aufgrund der Vernetzung muss die interdisziplinäre Zusammenarbeit der Mitarbeitenden neu und effizient organisiert werden. Nur so können auf Dauer die vermehrt individuellen Bedürfnisse der Kunden befriedigt werden.

■ 6.1 Komplexität akzeptieren

Komplexität braucht Menschen im Management, die das Phänomen der Komplexität anerkennen und in ihre Führungsarbeit einbauen. Nur so kann ein Unternehmen sicher durch eine VUCA-Welt (Volatility, Uncertainty, Complexity, Ambiguity) geführt werden. Komplexität braucht gute Führung, Kompliziertheit braucht gutes Management.

Alle komplizierten Themen sind von Ursache-Wirkungs-Zusammenhängen gekennzeichnet, auch wenn diese nicht auf den ersten Blick erkennbar sind. Sie sollten mit Stringenz, hohem Einsatz und guter Ressourcenqualität erfolgreich auf die Straße gebracht und mit wirksamen Management unter anderem mit projektorientierten Methoden, professionellem IT-Einsatz und konsequenter Delegation bewältigt werden. Im Gegensatz dazu sind die Folgen von Komplexität undurchschaubar, unberechenbar, nicht vorhersehbar und nicht mit linearer Dynamik lösbar.

 In einer komplexen, undurchschaubaren Welt werden sehr oft Entscheidungen unter absoluter Unsicherheit getroffen.

Das heißt, Komplexität muss im Arbeitsprozess anders als Kompliziertheit behandelt werden. Wie? Zunächst sollten Sie sich die mit Komplexität verbundene Angst bewusst machen und überwinden: Gehen Sie agil und integrativ voran, seien Sie höchst flexibel und planen Sie mit den unterschiedlichsten Szenarien. Und dann treffen Sie unter Einbeziehung aller relevanten Entscheidungsträger eine kluge Entscheidung – unter Unsicherheit, klar, aber Sie können nun mal nicht in die Zukunft schauen. Niemand kann das.

Komplexität eröffnet Ihnen zuvor nicht vorstellbare Möglichkeiten, mit der Sie Ihre Sicht auf Strategien, Produkte und Mitarbeitende um einen anderen und ganzheitlichen Blick erweitern. Professor Dr. Fredmund Malik, ein österreichischer Wirtschaftswissenschaftler und Leiter eines Managementberatungsunternehmens in St. Gallen/Schweiz, spricht in diesem Zusammenhang von „Komplexität als neuem Rohstoff." Und zitiert den deutschen Biologen Carsten Bresch: „Alle höheren (biologischen) Fähigkeiten resultieren aus mehr Komplexität!" *(www.malik-management.com).*

Komplexität ist die Basis für Intelligenz, Kreativität, Innovation, Evolution und auch für Selbstregulierung und Selbstorganisation!

Finden Sie statt einfacher Lösungen mittels Komplexität bessere und intelligentere Lösungen. Das geht nur mit stringenter Führung. Und das heißt für Sie erst einmal Folgendes:

- Aus unternehmerischer Perspektive und mit Zielen und Strategien eine Organisation so zu steuern, dass der Zweck und der USP Ihres Unternehmens klar erkennbar ist – sowohl für die Kunden als auch für die Belegschaft.
- Aktives Forcieren von Selbstorganisation und Selbstregulation.
- Bewältigung der Informationsflut, Aufzeigen von Verknüpfungen, Beziehungen und Konsequenzen und strukturiertes Lernen von neuem Wissen als sachliche Grundlage für Entscheidungen.

- Bildung einer achtsamen und kollaborativen Koalition der Willigen im Unternehmen. Führungskraft und Unternehmen werden zu Beteiligten.
- Zusammenführen unterschiedlicher Interessen und aktives Werben dafür, dass nur eine gemeinsam erarbeitete und verabschiedete Lösung eine befriedigende Antwort auf die Bedürfnisse der Kunden und der Mitarbeitenden ist.
- Aktive und empathische Kommunikation der Lösung nach innen und nach außen.

6.2 Von der Kybernetik lernen

Die Kybernetik hilft, das Thema Komplexität besser zu verstehen. Sie ermöglicht ein besseres Verständnis für das erfolgreiche Steuern und Managen von Komplexität. Kybernetik ist die Wissenschaft vom Steuern, Regeln und Lenken, erst einmal von Maschinen und dann auch von lebenden Organismen (aufgrund der Rückkopplung durch die Sinnesorgane) und sozialen Organisationen (aufgrund der Rückkopplung durch Kommunikation und Beobachtung).

Laut dem Begründer der Wissenschaft Norbert Wiener ist die Wirkungsweise eines Thermostats ein typisches Beispiel für das Prinzip eines kybernetischen Systems: Er vergleicht den Istwert einer Temperatur mit dem Sollwert, der als gewünschte Temperatur eingestellt wurde. Die Abweichung zwischen Ist- und Sollwert veranlasst den Regler im Thermostat, die Wärmezufuhr so zu regeln, dass der Ist- mit dem Sollwert übereinstimmt.

Diese Regelkreisanalogie ist für die Kybernetik von zentraler Bedeutung. Die Beherrschung eines Systems setzt sich zusammen aus Steuerung und Regelung. Steuerung bezeichnet dabei das zielgerichtete Beeinflussen des Verhaltens von Systemen oder Systemelemente durch andere Systeme. Das Ergebnis der Steuerung findet Beachtung in Form der Rückkoppelung, also einer Rückmeldung an die Steuerungsinstanz zur Regelung (Vergleich Ist-/Sollwert). Bei einer Abweichung der Werte leitet die Steuerungsinstanz eine entsprechende Ausgleichsmaßnahme ein. Dieser Rückkopplungsmechanismus wird Regelkreis genannt. An der St. Gallen Business School wird heute ein systemtheoretischer Ansatz des Managements mit explizitem Bezug zur Kybernetik gelehrt, der auf die Forschungen der Professoren Hans Ulrich und Knut Bleicher zurückgeht. Dabei wird das Unternehmen als mehrstufiger, vernetzter Regelkreis betrachtet (Rüegg-Stürm, Grand 2020).

6.2.1 Die Merkmale und Vorteile der Kybernetik kennen und nutzen

 Das kybernetische System zeichnet sich durch folgende Merkmale aus (Kruse, V., 1998):
- Ganzheitliche Sichtweise
- Interdisziplinarität
- Gestaltungsorientierung
- Dynamisierung der Betrachtung
- Umweltorientierung
- Selbstregulierung
- Selbstorganisation

Die Kybernetik ist eine unterschätzte Wissenschaft des 20. Jahrhunderts. Bereits in den 1940er Jahren entstanden die Wurzeln der Kybernetik, als man die Gemeinsamkeiten zwischen dem Gehirn und dem Computer analysierte sowie Schnittstellen verschiedener Spezialdisziplinen, die menschliches Verhalten betrachteten, einbezog: Regelungstechnik, Nachrichtenübertragung, Entscheidungs- und Spieltheorie und statistische Mechanik. Wenn man die Erkenntnisse aus diesen Spezialdisziplinen logisch zusammenbringt, kann man mit ihrem systemischen und selbstregulierenden Ansatz die Komplexität des 21. Jahrhunderts viel besser bewältigen, als das jetzt der Fall ist. Die Erkenntnisse aus diesen Disziplinen entwickeln sich permanent weiter, und so auch die Kybernetik.

Norbert Wiener organisierte 1943/44 ein interdisziplinäres Treffen mit Ingenieuren, Neurowissenschaftlern und Mathematikern. Das war die Grundlage der kybernetischen Gedanken. Erstmals hat Wiener in seinem Werk „Cybernetics or Control and Communication in the Animal and the Machine" (1948) das Prinzip der Kybernetik in gedruckter Form veröffentlicht. In den folgenden Jahren erweiterte er die kybernetischen Gedanken. So ergänzte Wiener in der Neuauflage seines Buches 1961 die kybernetische Wissenschaft um zwei weitere, wegweisende Kapitel: „Über lernende und sich selbst reproduzierende Maschinen" und „Gehirnwellen und selbstorganisierende Systeme". Wiener beschäftigt sich mit den Strukturen von Maschinen beziehungsweise Systemen und deren Eigenschaften. Ein System ist dabei aus Teilen aufgebaut, die jeweils wiederum ein System darstellen können. Ein System verfolgt während seiner Existenz Ziele und handelt danach. Eine Handlung wiederum führt zu einem Zustand, der Ursache einer anderen Handlung ist, um die Ziele weiterhin zu erreichen.

Bei der Kybernetik werden nicht der Grad der Zielerreichung und die Definition der Ziele als zentrale Probleme thematisiert. Entscheidend ist die Rückkopplung, die Wiener auch als Lernfähigkeit bezeichnet. Sie ermöglicht die Anpassung der Aktivitäten auf der Basis der Umwelt und des Erfolgs der bisherigen Aktivitäten. Das System lernt also aus dem bisherigen Erfolg und Misserfolg.

Die besten Regulierungssysteme kann man in der Natur betrachten. Diese effizienten Systeme schaffen ein ständig fließendes Gleichgewicht zwischen der Funktionsfähigkeit eines Lebewesens und der Komplexität der Außenwelt. Ein System, das sich nicht permanent den Veränderungen anpasst, verliert die Grundlagen seiner Überlebensfähigkeit. Wie die Systeme der Natur die Probleme lösen, ist im Modell lebensfähiger Systeme abgebildet. Das „Viable System Model" (VSM) wurde von Professor Stafford Beer (1963), einem der Pioniere der Management-Kybernetik, geschaffen. Vorbild war das komplexeste und leistungsfähigste Regulierungssystem der Evolution: das menschliche Gehirn und das Zentralnervensystem. Das VSM stellt Organisationen als lebende und lernende Organisationen dar und ist für mich ein Vorläufer der weit später auf der Bildfläche erscheinenden Idee der Agilität.

Zur besseren Veranschaulichung des Gedankens wird gerne die Parallele zu modernen Fußball-Trainern gezogen. Es geht beim Training des Teams weniger darum, bis ins Detail zu steuern und jede mögliche Spielsituation einzustudieren und bei Bedarf das gelernte Repertoire abzuspulen. Das Spiel ist zu komplex, unvorhersehbar und erfordert deshalb ein hohes Maß an schnellen Anpassungen. Der Trainer befähigt die Spieler, bestimmte Systeme zu spielen und trifft wichtige Entscheidungen im Sinne des Teams, fördert gleichzeitig die Spieler bestmöglich individuell, vermittelt Werte und gibt dem Spiel eine Bedeutung, um die Spieler zu motivieren und mit den nötigen Werkzeugen auszustatten, um das Spiel in allen nur erdenklichen Situationen erfolgreich meistern zu können.

Die Kybernetik ist eine eigenständige Wissenschaft und hat als eine der ersten Wissenschaften angefangen, auf interdisziplinäre Art Natur- und Geisteswissenschaften in einen Kontext zu setzen. Ihre Basis ist der Grundgedanke, dass es natürliche Gesetzmäßigkeiten gibt, die die Steuerung, die Kontrolle und damit das Funktionieren von Systemen bestimmt. Die Gesetze der Kybernetik wurden von dem bereits erwähnten Stafford Beer auf die Führung und das Management von Unternehmen übertragen. Heute fließt die Kybernetik oder Teile des kybernetischen Gedankenguts unter anderen in folgende Bereiche ein:

- Technik und Technologie (Technische Kybernetik)
- Geisteswissenschaft (Systematik oder Kybernetik zweiter Ordnung)
- Wirtschafts- und Sozialwissenschaften (Ökonomische, Management, Unternehmenskybernetik, Soziokybernetik)
- Biowissenschaft/Neurowissenschaft (Biokybernetik)
- Bauwesen (Baukybernetik)

Die Kybernetik trägt in vielen Bereichen dazu bei, Ideen und Lösungen zu kreieren, mit denen man Komplexität effizient managen und daraus Erkenntnisse für eine funktionierende Zukunft ableiten kann. Ohne Kybernetik gäbe es keine Computer, keine Elektronik, keine Informatik, kein Internet und vieles andere auch nicht. Stafford Beer schreibt der Kybernetik die hohe Fähigkeit zu, die vielfältigsten Probleme in den unterschiedlichsten wissenschaftlichen Disziplinen lösen zu können. Malik (2002) schreibt: „Es waren die Kybernetik und die eng mit ihr in Zusammenhang stehenden Gebiete der Systemwissenschaften und der Informationstheorie, die es ermöglicht haben, die dritte Grundgröße der Natur, nämlich Information, überhaupt zu verstehen, zu erklären und sie schließlich systematisch zu nutzen."

 Befassen Sie sich intensiv mit der Systematik der Kybernetik, weil sie Ihnen gute Ideen liefert, wie Sie mit Komplexität umgehen, um im Job noch effizienter und wirksamer Ihre Ziele erreichen zu können. Dabei sind zwei Begriffe für Ihre Verinnerlichung der Kybernetik besonders wichtig: Selbstorganisation und Feedback/Rückkopplung.

6.2.2 Selbstorganisation ist die Devise

Um Komplexität in einer erfolgreichen und effektiven Weise in zielgerichtetes Handeln für die Kunden und für das eigene Personal zu überführen, empfiehlt die Kybernetik, die Selbstorganisation der Systeme zu nutzen und zu unterstützen. Das heißt, entweder auf Führung bewusst zu verzichten oder zumindest auf „weiche" Führungsinstrumente zurückzugreifen, die der Systemrevolution ihren freien Lauf lässt. Nur so können sich alle in der Selbstorganisation beteiligten Mitarbeitenden auf einen kreativen und vorbehaltlosen Dialog einlassen.

Ein Beispiel für effiziente Selbstorganisation ist beispielsweise der Kreisverkehr, der wesentlich einfacher, natürlicher und preiswerter funktioniert als eine digitale und mit komplexer Sensorik versehene Ampel. Anstelle der Kommandosignale der Ampel tritt die Selbstregulierung der Autofahrer. Der Kreisverkehr befähigt die Autofahrer, sich selbst zu organisieren, ohne den Eingriff einer weiteren Instanz, die ihnen vorschreibt, was sie zu tun haben. Ein weiteres Beispiel ist ein Orchester, das sich auf der alleinigen Grundlage von Notenblättern immer wieder neu selbst organisiert. Die wahre Qualität des Orchesters kommt über das Zusammenspiel und das ständige gemeinsame Arbeiten an der besten Interpretation der Noten zustande. Der Dirigent sorgt dann für das Tempo und die besondere Note des musikalischen Ausdrucks.

 Eine Organisation als lebendiger Organismus, der sich selbst steuert, die internen und externen Erkenntnisse aufnimmt und bewertet und sich selbst reguliert, ist einer eher statischen und auf hierarchischer Fremdsteuerung beruhenden Organisation weit überlegen.

Eine systemkybernetische-organische Organisation wird wesentlich schneller, kreativer und nachhaltiger komplexe Probleme lösen können – allein schon durch eine hohe Eigenmotivation der beteiligten Menschen, die Dinge zu lösen ohne eine Hierarchie oder eine Struktur, die Vorgaben macht und Sichtweisen von Beginn an begrenzt oder gar nicht zulässt. Aus meiner langjährigen Praxis weiß ich, dass das Organisieren von Organisationen rund um isoliert handelnde „Boxen/Silos" tödlich ist und dafür sorgt, dass ein gemeinsames Arbeiten an einer vereinbarten Zielsetzung und Strategie sehr häufig überhaupt nicht möglich ist.

Dies ist der Tatsache geschuldet, dass heute niemand als einzelne Person in der Lage ist, die komplexen Prozesse in einem Unternehmen zu beobachten und zu steuern, geschweige denn die immer komplexer werdenden Bedürfnisse der Kunden effizient zu erfüllen. Boxen und Silos untermauern ineffiziente Hierarchien und Machtstrukturen, die in keiner Weise geeignet sind, komplexe Probleme nachhaltig zu lösen. Sie werden heute noch von vielen Führungspersonen bewusst aufrechterhalten, ja, sogar gepflegt, um die eigene Macht zu sichern. Mitarbeitende werden durch die Unart dieser Führung ausgenutzt und von der Fokussierung abgebracht.

Liegt solch eine Situation vor, dann müssen folgende Fragen beantwortet werden: Wie schaffe ich Boxen und Silos ab? Wie bringe ich eine meist sehr komplexe Matrixorganisation zum Laufen? Wie entbürokratisiere ich die schwerfällige Organisation? Und wie löse ich lähmende Blockaden? Bei der Beantwortung dieser Fragen kann das bereits erwähnte Viable System Model (VSM) helfen, das wir Stafford Beer zu verdanken haben.

Das Viable System Model ist die abstrahierte Nachbildung des menschlichen Zentralsystems und damit eine Art Template für die Implementierung eines kybernetischen Steuersystems in einer Organisation. Das Nervensystem ist die Schaltzentrale unseres Körpers. Über kabelähnliche Verbindungen, die Axone, werden Informationen schnell und reibungslos im ganzen Körper weitergeleitet. In Ihrem Körper wird laufend kommuniziert: Ihre Sinne nehmen Signale aus der Umwelt auf und leiten sie ins Gehirn weiter, Ihr Gehirn gibt als Reaktion darauf Befehle an die Muskeln und Organe, steuert gleichzeitig aber auch zahlreiche Vorgänge im Inneren des Körpers. Deshalb sind Sie in der Lage zu denken, zu sprechen, zu fühlen, zu atmen und sich zu bewegen.

6.2.3 Was bedeutet Selbstorganisation?

Die Vergegenwärtigung, wie das zentrale Nervensystem ganzheitlich in unserem Körper selbstorganisiert arbeitet und wie es zum einwandfreien Funktionieren des Körpers maßgeblich beiträgt, ist ein gutes Beispiel, wie Selbstorganisation und Selbstregulierung zu hervorragenden Ergebnissen führen können – insbesondere beim Lösen von Problemen höchster Komplexität, wie zum Beispiel bei der Bewältigung umfangreicher Change-Prozesse.

Was bedeutet Selbstorganisation konkret in Ihrem beruflichen Alltag, und wie können Sie Selbstorganisation in Ihrem Unternehmen etablieren? Hinweise auf die Antwort gibt die Darstellung der drei unterschiedlichen Level der Selbstorganisation (Bild 6.1):

- Level 1: Die Teammitglieder entscheiden eigenständig, wie sie ihre Arbeit am besten erledigen.
- Level 2: Die Teammitglieder entscheiden zusätzlich zum Level 1 auch die Qualität der Arbeitsinhalte, sie setzen Standards und kontrollieren sie selbst.
- Level 3: Das Team agiert eigenständig unternehmerisch und entscheidet über die eigenen Arbeitsinhalte, Ziele und Art der Bearbeitung. Die Führungsrollen sind flexibel auf verschiedene Personen aufgeteilt.

Bild 6.1 Drei Level der Selbstorganisation (Johannsen/Lübbers, 2018)

Sie sollten also zu Beginn dieses Prozesses fragen, wie viel Selbstorganisation für das Unternehmen kulturell jetzt schon machbar und verkraftbar ist und in welchen komplexeren Aktivitätsfeldern Sie schnelle und nachhaltige Ergebnisse benötigen. Es ist auch möglich, dass Sie das Prinzip der Selbstorganisation testweise und zum Lernen neben der bei vielen Unternehmen nach wie vor ausschließlich praktizierten hierarchischen Führung einführen. Auf diese Weise bekommen Sie und alle Beteiligten mehr Sicherheit, wie Selbstorganisation auf den Weg gebracht wird, welche kulturellen Veränderungen in der Organisation Sie vornehmen müssen und welche Ergebnisse diese Form der Organisation liefert (Johannsen, Lübbers 2018).

Selbstorganisation muss von allen Beteiligten gelernt werden. In dieser Organisationsform wird vom Mitarbeitenden verlangt, dass er Verantwortung für das große Ganze übernimmt und Entscheidungen im Sinne des Teams oder der Organisation trifft, anstatt einfach nur auf Anweisung seine Arbeit zu machen. Die Motivationsgrundlage verschiebt sich von der Führungskraft („Ich mache das, weil mein Vorgesetzter das von mir verlangt") hin zum Sinn der Organisation („Ich mache das, weil es dem Purpose und den Zielen der Organisation und damit auch dem Kunden dient").

Unsere Arbeitswelt zeichnet sich dadurch aus, dass die Arbeitskräfte heute laufend und permanent neue Situationen und Aufgaben bewältigen müssen, um das Unternehmen zum einen in dem jeweiligen Markt überlebensfähig und resistent gegen Krisen zu machen und andererseits mittels Kreativität, Innovation und Einzigartigkeit Marktanteile auszubauen. Und da ist die Selbstorganisation das probate und geeignete Mittel, um sehr gute und nachhaltige Lösungen zu generieren, immer im engen Austausch mit der internen und externen Unternehmenswelt.

Selbstorganisiertes Arbeiten setzt ebenfalls voraus, dass Mitarbeitende Verantwortung für neue, noch nie dagewesene Aufgaben übernehmen. Sie sollten fähig sein, Entscheidungen unter Unsicherheit eigenständig zu treffen. Das gelingt durch die gemeinsame, interdisziplinäre, nicht hierarchische und vernetzte Zusammenarbeit und die vorbehaltslose Diskussionskultur, die einer Selbstorganisation zugrunde liegt. Selbstorganisation funktioniert nur, wenn sich Kolleginnen und Kollegen sicher fühlen und auch Fehler machen dürfen. Gleichzeitig ist es elementar wichtig, darauf zu achten, eine Kultur zu entwickeln, bei der sich Mitarbeitende untereinander Feedback geben. Nur so können sie gemeinsam lernen und immer wieder ihre Erkenntnisfortschritte justieren.

Ein weiterer grundlegender Unterschied der Selbstorganisation im Gegensatz zur hierarchischen Struktur ist die Tatsache, dass Führungskräfte für Mitarbeitende arbeiten und nicht die Mitarbeitenden für die Führungskräfte.

Selbstorganisation bedeutet die Umkehr der traditionell hierarchischen Arbeitsweise. Bereits mit der Erfindung der Kybernetik wurde das heute moderne Diktum des agilen Arbeitens geschaffen.

6.2.4 Selbstorganisation umsetzen

So sollten Sie sich als Führungskraft beim Aufsetzen einer Selbstorganisation verhalten:
- Stellen Sie Fragen, anstatt die Antworten selbst zu geben.
- Fördern Sie mutiges Handeln und unternehmerisches Denken. Seien Sie so transparent, wie es nur geht.
- Machen Sie alle relevanten Informationen leicht zugänglich. Legen Sie alle Informationen offen, die wichtig und entscheidend sind für das unternehmerische Handeln.
- Entwickeln Sie gezielt die Stärken Ihrer Teams und analysieren Sie, wie Sie selbst mit einem individuellen und entwicklungsförderlichen Feedback dazu beitragen können.

> - Schaffen Sie eine offene und transparente Unternehmenskultur, in der die Arbeitskräfte ihren Unmut und die Unzufriedenheit ohne Vorbehalte zum Ausdruck bringen können. Führen Sie danach einen Prozess der Einigung herbei, damit alle Beteiligten ein klares Commitment abgeben und alle zusammen in die vereinbarte Richtung gehen.
> - Entwickeln Sie Konzepte und Prozesse, wie Konflikte bereits gelöst werden, bevor sie entstehen.
> - Stärken Sie die Verbundenheit der einzelnen Teams. Fördern Sie Diskussionen und das Gemeinsamkeitsgefühl.

Die Zeit der strikten Hierarchie ist vorbei. Nach Malik entstehen vielmehr Hierarchien von Systemen, die ineinander rekursiv eingebettet sind. Das heißt in der Praxis, dass die einzelnen Hierarchieebenen eng und immer im Bezug zueinander und hochgradig vernetzt zusammenarbeiten. Damit wird, so Malik, Management mehr Wirkung haben, nicht weniger, und das ohne Macht einsetzen zu müssen, da Selbstregulierung entsteht. Die Logik der rekursiven Systemstruktur veranschaulichen die aus Russland bekannten Matroschka-Puppen: In jeder Puppe findet sich wieder eine etwas kleinere Puppe. Rekursion ist also eine Erklärung für einen Begriff, die den Begriff selbst für kleinere Varianten von sich selbst benutzt. Malik (2017) weiter: „In der Sprache von Systemwissenschaft und Kybernetik würde man sagen, dass eine funktionierende Organisation rekursiv aufgebaut sein muss, dass sich das Ganze im Teil findet und der Teil dem Ganzen entspricht."

> Beim Aufbau selbstorganisierter Teams sind folgende Aspekte zu beachten:
> 1. Teams definieren selbst klare Zielvorstellung, Aufgabenbeschreibung, KPI, Entscheidungsbefugnisse sowie Zeit-, Budget- und Ressourcenpläne.
> 2. Die Ergebnisse von Punkt 1 werden dem übergeordneten Führungsteam zur Abstimmung und zur Verabschiedung vorgelegt. Das Feedback des Führungsteams läuft in die Arbeit der Teams ein.
> 3. Es gibt im Führungsteam einen Verantwortlichen für das Coachen und Managen der Teams. Der Verantwortliche hat für diese Rolle ausreichend Zeit und bildet auch die Schnittstelle der verschiedensten Teams zu dem Führungsteam. Außerdem hilft er – wenn nötig –, den selbstorganisierten Teams zu guten Ergebnissen zu kommen.
> 4. Teams müssen mit allen relevanten Experten in dem Unternehmen und divers zusammengesetzt werden. Es gibt einen Moderator des Teams, der aber seine Rolle nicht missbraucht, die Diskussion und die Ergebnisse in eine gewisse Richtung zu treiben. Es sollten maximal bis zu zehn Teilnehmer in der Gruppe sein. Partiell kann das Team noch weitere Experten aus dem Unternehmen hinzuziehen.

5. Die Ergebnisse jedes Meetings müssen dokumentiert werden und den jeweiligen anderen Teams offengelegt werden. Dazu gibt es heute gute Software-Tools, die diese Aufgabe übernehmen können.
6. In einem definierten Rhythmus präsentieren die verschiedenen Teams die Ergebnisse dem Führungsteam und geben Feedback über den Stand der Dinge aus ihrer Sicht.
7. Die Ergebnisse der Entscheidungen werden genau beobachtet und kontrolliert von den Teams und dem Führungsteam. Das Führungsteam hat das Recht, in die Entscheidungen einzugreifen – aber nur dann, wenn die Entscheidungen der Teams gegen die vereinbarten Ziele und Aktivitäten aus Punkt 1 stehen.
8. Das Führungsteam fasst die Ergebnisse zusammen und präsentiert sie eingebettet in die Strategien der gesamten Belegschaft und bittet Mitarbeitende immer wieder um Feedback. Gegebenenfalls können auch ausgewählte Kunden in die Feedback-Routine integriert werden.
9. Es braucht Mut zum Auflösen von Teams und zur Bildung neuer Teams mit neuen Skills.

Wenn Selbstorganisation funktionieren soll, müssen sich die Teams zumindest für einen gewissen Prozentsatz ihrer Zeit aus der täglichen Arbeit herausziehen können. Am besten ist es, wenn die Teammitglieder für die Zeit des Bestehens der Teams vollständig für diese Arbeit freigestellt werden. Die größten Fehler beim Aufbau von selbstorganisierten Teams sind immer wieder zu knappe Ressourcen: Die Teams müssen dann die komplexen Aufgaben in der Selbstorganisation lösen und parallel dazu die Routinearbeit erledigen. Das ist ineffizient und führt in keinem der beiden Bereiche zu einem befriedigenden Ergebnis.

Sie werden bei den ersten guten Ergebnissen sehen, welche Power und Motivation bei der Arbeit in selbstorganisierten Teams entsteht. Und dass es eine hervorragende Methode ist, um komplexe Themen effizient und agil zu bearbeiten und kreativ zu lösen.

■ 6.3 Jeder kann ein Leader sein!

Es gibt eine intensive Diskussion in der Literatur über den Unterschied zwischen einem Manager oder einer Managerin und einem Leader (m/w). Vereinfacht gesagt, sind Managementpersonen kraft ihrer Position in einem Unternehmen hauptsächlich mit den wichtigsten Verantwortungsbereichen wie der

Planung, der Organisation, der Steuerung der Ergebnisse und des Controllings betraut. Ein Manager kümmert sich darum, die Ressourcen so einzusetzen, dass sie zum bestmöglichen Ergebnis führen. Und ja, Manager können auch gute Leader sein, wenn es ihnen gelingt, die Kolleginnen und Kollegen mittels Kommunikation, Motivation, Inspiration, Coaching, Ermutigung und nachhaltiger Führung intrinsisch dazu zu bringen, die Extra-Meilen im Sinne der Unternehmensvision und der Unternehmensziele zu gehen. Oftmals folgen Mitarbeitende Führungspersonen, weil sie dazu verpflichtet sind.

Der Unterschied zwischen einem Manager und einem Leader besteht darin, dass ein Leader nicht zwangsläufig eine Management-Position bekleiden muss. Einfach gesagt: Ein Leader braucht keine formelle Bestätigung, alle Mitarbeitenden können Leader sein! Sich das zu vergegenwärtigen ist zentral, denn dieser Satz verändert das vorherrschende Rollenverständnis in Organisationen.

Zentralistische Organisationsformen, die das Ziel haben, Unternehmen auf Effizienz zu trimmen, werden viel zu starr und unflexibel sein, um schnelle und richtige Antworten auf die sich verändernden Marktgegebenheiten zu geben. Unternehmen werden diese Herausforderung meistern, wenn es ihnen gelingt, ihre Leader zu einer Einheit zu formen, zu orchestrieren und so ein harmonisches Klangbild aller Leader nach innen und nach außen zu kreieren.

Wirkliche Leader bringen sich mit ihrer ganzen Persönlichkeit und Leidenschaft in eine Organisation ein, sammeln um sich Verbündete und investieren viel Herzblut in die Aufgaben und Projekte. Andere Mitarbeitende sind bereit, den Leadern zu folgen, weil sie ihre Aufgabe ernst nehmen, weil sie authentisch, ehrlich und offen sind und weil sie daran glauben, dass alle zusammen wesentlich besser die Aufgaben bewältigen und die Ziele erreichen können als jeder einzelne für sich allein.

Außerdem sind Leader immer offen für Veränderungen und Innovationen und fähig, sich auch außerhalb der gewohnten Pfade zu bewegen. Die Ziele müssen dabei nicht unbedingt rein organisatorischer Art sein.

Sie sollten den Unterschied zwischen einem Manager und einem Leader kennen. Wenn Hierarchien und damit auch Sicherheit nicht mehr wirklich existieren, können Menschen in den unterschiedlichsten Rollen nachhaltig zum Unternehmensergebnis beitragen, auch ohne eine klare Führungsrolle inne zu haben. Das wird unser Arbeitsleben sehr viel spannender und erfüllter machen. Jeder kann aktiv zum Erfolg des Unternehmens beitragen und wird damit auch wesentlich mehr wertgeschätzt, als das bei traditionellen Strukturen der Fall ist.

Anders Indset hat im vierten Kapitel seines Buches „Quantenwirtschaft" (2020) treffend beschrieben, dass der wahre „Chef in einem Unternehmen das Projekt ist, und (dass) jeder von uns nur so erfolgreich sein (wird) wie das Ergebnis des Projektes, an dem wir beteiligt sind. Leadership wird überall sein, und Management wird durch Technologie abgedeckt und ersetzt werden. Es wird kein Oben und kein Unten geben, nur ein Vorne und ein Hinten." Die Aufgabe des zukünftigen Managements besteht in der nachhaltigen Verbesserung der Organisation hinsichtlich der Anpassungsfähigkeit, den Arbeitsbedingungen, der Produktivität und der Teamzufriedenheit. Der bereits weiter vorne genannte Jurgen Appelo (2010) beschreibt in einem seiner Bücher die neue Rolle der Führungskräfte als „kompetente Organisationsentwickler", die bewusst und gemeinsam mit anderen an der kundenorientierten und anpassungsfähigen Weiterentwicklung des komplexen Systems einer Organisation arbeiten.

Die richtige Organisation entscheidet nicht allein über den Unternehmenserfolg. Hinzukommen muss eine Unternehmenskultur, in der die Leistungserbringung gefördert wird und die allen Beteiligten Freude macht. Damit schlagen wir ein neues Kapitel auf.

7 Die Erfolgsstrategie des Andersdenkens: Das Ende der sicheren Pfade

In vielen Unternehmen sitzen ähnlich denkende Menschen im Management, weil sie schließlich darüber entscheiden, wer eingestellt wird. Die Auswahlkriterien sind somit praktisch vorgegeben, und nicht selten wird die Einstellung im Team von den Vorstellungen und dem Charakter der Führungskraft bestimmt. Das führt dazu, dass immer derselbe Schlag von Menschen die Unternehmen leiten. Das Management umgibt sich mit willfährigen Buddies, die von ihrer Persönlichkeit darauf ausgelegt sind, den Ideen und den Vorstellungen der Führungsperson bedingungslos zu folgen – auch, um damit ihre eigene Karriere abzusichern.

Das ist ein Fehler und hilft bei der Transformation von Unternehmen oder beim Aufsetzen eines Change-Prozesses nicht wirklich weiter. Klar ist es immer schön, wenn man in seinem Führungsteam in netter Harmonie die wichtigen Dinge vorantreiben kann. Aber echte und nachhaltige Veränderungen benötigen die Toleranz und den Mut, Kritik intern und extern zuzulassen und aktiv einzufordern.

Unser aller Wissen ist grundsätzlich fehlbar, und mit Ausnahme der Mathematik gibt es zu fast jedem Problem unterschiedliche Möglichkeiten der Lösung. Alles, was wir wissen, steht unter Vorbehalt, warnt der Philosoph Karl Popper (1980, 1996), im Bonmot zusammengefasst: „Wir wissen nicht, wir raten." Um sich der Wahrheit der Märkte und der Kunden anzunähern, braucht es kritisches Denken in den Unternehmen, Komfortzonen müssen verlassen und wirklich neue Wege beschritten werden. So gesehen ist Denken systematisches Raten mit dem Ziel einer möglichst guten Annäherung an die Realität.

Das ständige Hinterfragen der Realität ist oft anstrengend. Aber Kritik – sachlich vorgetragen und faktenbasiert – ist, hier noch einmal laut Karl Popper, ein wichtiger „Motor des Erkenntnisfortschritts". Ziel von Kritik ist stets die Eliminierung falscher Problemlösungen. Je häufiger und ungehinderter, je herrschaftsfreier Kritik geäußert werden kann, umso größer wird der Erkenntnisfortschritt sein und die ungefähre Annäherung an die Realität. Deshalb plädiert

Popper für eine offene Gesellschaft, die sich durch Kritik stetig verbessert. (Popper, K., 1980).

Mit wachsender Komplexität der Themen läuft das Management Gefahr, in Echokammern, Meinungsblasen und in die eigene separate Welt abzudriften, nach dem Motto: „Ich habe recht, weil ich recht habe." Das ist höchst gefährlich. Die Kultur eines Unternehmens beziehungsweise einer Organisation muss offen sein für kritische Inputs aus der Umwelt, sie muss sich stets kritisch mit den internen und externen Feedbacks auseinandersetzen und gezielt Strukturen aufbauen, in denen Kritik ermöglicht, aufgenommen, strukturiert und den richtigen Adressaten im Unternehmen zugeführt werden kann.

Erfolg ist verführerisch. Mit Spitzenprodukten, von denen die Kunden (noch) überzeugt sind, macht sich gern Trägheit in den Führungsgremien breit. Die Beharrungskräfte sind oft groß, und gemeinsam feiert man die Erfolge, obwohl man im Herzen weiß, dass man auf brüchigem Eis steht, dass diese Phase schon bald vorbei sein kann. Neue Wettbewerber können die Kunden jederzeit mit innovativen Angeboten besser zufriedenstellen, und es besteht die permanente Gefahr, dass die eigenen Produkte über Nacht zu Auslaufmodellen werden. Der allzu starre Blick auf die heutigen Renner im Portfolio, noch dazu eingeschränkt durch persönliche Eitelkeit und verstellt vom unproduktiven Konkurrenzdenken im eigenen Unternehmen, das rastlose Springen auf neue Produkte und Services, anstatt die vorhandenen innovativ auszubauen, birgt die Gefahr der Niederlage. Um diesen vorzubeugen, wäre es höchst sinnvoll, einen alten Berufstand aus dem Mittelalter wiederauferstehen zu lassen: den des Hofnarren.

■ 7.1 Hofnarr versus Everybody's Darling

Jeder Vorstand, jedes Management braucht Menschen um sich, die ohne Angst um ihre Positionen und ihre Jahresvergütung unbequeme Wahrheiten verkünden dürfen. Einen Hofnarren, der nicht nur für Spaß und Unterhaltung sorgt (was dem Klima in den Unternehmen auch nicht schaden könnte), sondern wie der mittelalterliche Nonkonformist kritisch den Finger in die Wunde legen darf, ja sogar soll, und für das Aussprechen dieser Wahrheiten nicht bestraft, sondern belohnt wird.

Im Mittelalter waren Hofnarren eine soziale Institution zulässiger Kritik. Ihre spezielle Stellung und ihre fehlende Bindung an gesellschaftliche Normen schufen ihnen einen besonders großen Handlungsspielraum. Sie waren scharfe

Beobachter des Zeitgeschehens und haben den Fürsten Wahres und Nachdenkenswertes überbracht. Dinge, die sich ein normaler „Mitarbeiter" oder eine normale „Mitarbeiterin" nicht vor Zeugen zu sagen getraut hätte.

Im Gegensatz zum damaligen Hofnarren machen sich heute ein anderer Typus in den Führungsgremien breit: der angepasste „Everybody's Darling". Everybody's Darling wird in den Unternehmen gefeiert und vom Topmanagement hoch geachtet, weil er (es ist tatsächlich meist ein „er") Freundlichkeiten säuselt und ein Klima des Wohlfühlens vorgaukelt, das sehr angenehm und bequem handhabbar ist für die Unternehmensspitze. Dabei ist er für jede Organisation genauso fatal wie der unfehlbare, autoritäre Patriarch, dessen Führungsstil im 19. Jahrhundertweit verbreitet war. Ja, genau: Vor etwa 180 Jahren.

Auch aus Furcht, Sympathien zu verlieren, drücken sich Everybody's Darlings vor jedem Konflikt mit der Eleganz eines Slalomläufers an den olympischen Skihängen. Aus Furcht, unliebsame Entscheidungen zu treffen, treffen sie lieber gar keine. Kritisiert man sie deshalb, nennen sie ihr Verhalten „salomonisch". Sie legen nur höchst ungern ihre Karten auf den Tisch, schieben wichtige, aber unliebsame Maßnahmen möglichst lange vor sich her nach dem Motto: Morgen ist auch noch ein Tag. Everybody's Darling verbarrikadiert sich sehr häufig hinter der Sicherheit fester, hierarchischer Strukturen und ist ein todsicherer Kreativitätskiller: Bloß keine Bewegung initiieren, nur nicht das harmonische Stillleben stören. Sie wollen nicht nur herrschen, sondern auch bewundert und geliebt werden. Und zwar von allen.

■ 7.2 Plädoyer für mehr Zivilcourage

Für Everybody's Darling ist es ein Traum, den von ihm angestrebten und erreichten Harmoniezustand in einen schönen, großen Eisblock einzufrieren. Da bewegt sich garantiert nichts mehr. Und so ist er oft der Bremsklotz im Unternehmen. Everybody's Darlings haben eines gemeinsam: Es fehlt ihnen an Zivilcourage. Vor notwendigen, aber unpopulären Aktionen drücken sie sich gerne.

Zivilcourage in Unternehmen bezeichnet nach meiner Definition den Mut, sich ohne Rücksicht auf persönliche Nachteile auf der Basis der Unternehmensvision und -werte für die Bedürfnisse der Kunden und der Mitarbeitenden einzusetzen. Mit Zivilcourage schafft man sich erst mal keine Freunde. Man hält den Betrieb auf, denn konträre Meinungen kosten Zeit für Sprecher und Zuhörer. Man verunsichert, schließlich kommt das Argument: „Das haben wir ja immer schon so gemacht." Man ist unbequem und tritt mit seiner Überzeugung anderen auf die Füße.

Die eingefahrenen Gleise zu verlassen, ist erstens ein Risiko – Karriereleitern haben äußerst brüchige Sprossen – und zweitens ein Verunsicherungsfaktor für Belegschaft und Vorgesetzte. Die Konsequenz: Je starrer und konservativer die Unternehmenskultur, desto sicherer fühlt sich jeder in seiner Nische.

In einer Langzeituntersuchung kommt der amerikanische Wissenschaftler Robert Jackell (2009) zu dem Ergebnis, dass „Manager einen großen Teil ihrer Arbeitszeit mit Interpretationen darüber verbringen, was andere Leute in der Organisation von ihnen denken, und versuchen, diese anderen Meinungen zu manipulieren. Manager weisen einen hohen Grad an Verwundbarkeit auf, und sie sind ständig auf der Hut vor Organisationsumwälzungen, die ihre Pläne durchkreuzen." Manager lieben schnelle Entscheidungen und haben für lange Diskussionen meist keine Zeit. Sie leben von ihrem Selbstbild als knallharter Macher, als Sieger in der gefahrvollen Schlacht um Marktanteile und Gewinnspannen. Allerdings entspricht dieses Selbstporträt allzu oft reinem Wunschdenken, das mit der Realität kaum etwas zu tun hat. Es beruht auf cleverer Selbstinszenierung ohne eine irgendwie gestaltete Rückkopplung mit der Wirklichkeit und auf geschickten Public Relations in eigener Sache.

Wer den Unternehmensfrieden stört, wird sehr schnell als Querulant abgestempelt. Doch was heißt hier „Frieden", und wie viel ist ein solcher „Frieden" wert? Ist das nicht eher Grabesstille und führt dazu, dass sich das Unternehmen nicht mehr bewegt? Dass es sich den rasch verändernden Umwelt- und Kundenbedürfnissen entzieht? Das hätte fatale Folgen für das Unternehmen.

Mitarbeitende und Führungskräfte, die nur dem Vorgesetzten nach dem Mund reden oder das Management als wichtigsten Kunden sehen, werden Unternehmen nicht nach vorne bringen. Im Gegenteil: Die Unternehmen werden am erfolgreichsten sein, die besonders viele mutige Teammitglieder haben. Das ist die Erkenntnis von Dieter Frey (2020), Professor für Wirtschafts- und Sozialpsychologie und Akademischer Leiter der bayerischen Eliteakademie.

Doch die meisten halten den Mund, reden nur hinter vorgehaltener Hand und in internen Gruppen über Missstände oder Fehler und vermeiden die öffentliche Aufdeckung. Zu groß ist die Angst, ihre Ehrlichkeit könnte als aufständisch interpretiert werden und negativ auf sie zurückfallen. Aber gerade die Anerkennung und Abschaffung von Missständen ist ein effektiver Motor von Veränderungen und Verbesserungen, die sich kurz- und langfristig für das Unternehmen auszahlen. Für grundlegende Veränderungen, ob in Unternehmen oder in der Gesellschaft, muss man unbequem sein. Man muss kämpfen, man muss andere überzeugen und Kritiker um sich sammeln, und man muss Durchsetzungsstärke beweisen und Widerstände ausräumen.

 Fördere Kritikfähigkeit und Mut zur Zivilcourage!

Was können Sie konkret tun, um Kritikfähigkeit und den Mut zur Zivilcourage zu fördern? Gehen Sie mit gutem Beispiel voran. Zeigen Sie selbst Zivilcourage und wagen Sie es, Probleme mutig und in aller Offenheit anzusprechen, öffentlich zu artikulieren und transparent zu kommunizieren. Mit den folgenden vier Führungsmethoden ermutigen Sie Ihre Belegschaft zur Zivilcourage.

1. Zeigen Sie sich selbst offen und transparent und ermutigen Sie Ihre Teams zur Kritik, nicht nur in Einzelgesprächen, sondern auch in der Gruppe. Schaffen Sie dazu eigens organisierte Gesprächsformate. Spiegeln Sie die Ergebnisse an die Gruppe zurück und bauen Sie die Ergebnisse in Ihre tägliche Arbeit und Kommunikation ein. Nur durch kritisches Mitdenken und durch unternehmerisches Verhalten der Mitarbeitenden können Missstände in dem jeweiligen Verantwortungsbereich aufgedeckt und beseitigt werden. Akzeptieren Sie Störungen als Veränderungsimpuls.

2. Bauen Sie eine Vertrauenskultur im Unternehmen und innerhalb der Teams auf und fördern Sie eine konstruktive Streit- und Konfliktstruktur. Diskutieren und streiten Sie gemeinsam mit den Beschäftigten darüber, wie die Kundenbedürfnisse besser befriedigt, wie die Prozesse schneller und flexibler gestaltet und wie die Belegschaft noch effizienter die Ziele der Kunden und des Unternehmens in Einklang bringen kann und dabei noch hoch motiviert agiert. Bestehen Sie darauf, dass die Dinge direkt beim Namen genannt werden. Dabei sollten nicht Kolleginnen oder Kollegen schlecht gemacht werden. Es geht einzig darum, gemeinsame Verantwortung für das Unternehmen, die Kunden und die Mitarbeitenden zu übernehmen.

3. Fordern Sie Ihre Kolleginnen und Kollegen auf, bei ihren eigenen Führungsfehlern und auch bei den Ihrigen nicht wegzuschauen, sondern sie mutig anzusprechen und zu kritisieren. Kritik sollte dabei nicht aggressiv, sondern sachlich, konstruktiv und immer wohlwollend im Sinne des Großen und Ganzen daherkommen.

4. Fördern Sie eine konstruktive Streitkultur. Fordern Sie auf zum Querdenken mit einfachen Übungen: gegenseitigen Respekt fördern und wertschätzen, Mut und Selbstvertrauen entwickeln und honorieren, zuhören und

beschreiben statt bewerten, durchatmen, ausreden lassen, sich in den anderen hineinversetzen, Blickwinkel wechseln, Kompromisse finden, entschuldigen und verzeihen.

Unternehmen brauchen für die permanente Weiterentwicklung ihrer Strategien mehr und mehr Querdenker und kreative Störer, die mutig sind, wertschätzend agieren, die andere begeistern, mitreißen und inspirieren können. Diese Menschen merken auch oft instinktiv, wenn im Unternehmen Dinge aus dem Ruder laufen.

Menschen, die auch mal unbequem sind und die Dinge klar auf den Punkt bringen, die auch Chancen und Lösungswege aus anderen Blickwinkeln betrachten und die Erkenntnisse daraus anderen vermitteln können, sind die dringend benötigten Wachrüttler, Vorwärtsdrängler und Zukunftsgestalter. Sie packen die heiligen Kühe bei den Hörnern und wagen sich dorthin, wo niemand vor ihnen war. So entstehen Innovationen, so werden Change-Prozesse angestoßen, und so kann kultureller Wandel entstehen. Querdenker mundtot zu machen, ist hochgradig ineffizient für ein Unternehmen. Sie unterwerfen sich keinem Gruppenzwang und parieren nicht auf Kommando.

Auch Querdenker – richtiger: gerade Querdenker – brauchen die Anerkennung der Führungspersonen und der Kolleginnen und Kollegen. Denn sonst gehen sie zu anderen Unternehmen, die einen echten Mehrwert in den Querdenkern sehen und sich dann oft schneller und mutiger dem Markt anpassen, als das das vorherige Unternehmen tun konnte.

■ 7.3 Das Managen von Unsicherheiten mittels Prozessmusterwechsel

Das Management hat die Aufgabe, Neuerungen frühzeitig einzuleiten und die dadurch entstehenden Unsicherheiten kreativ zu nutzen. Das setzt Visionen und Eigeninitiative voraus. Peter Kruse zeigt eindrucksvoll auf, wie in Zukunft das Thema „Management von Unsicherheiten" eine immer größere Bedeutung in der unternehmerischen Praxis bekommen wird. Veränderungen, insbesondere, wenn sie tief- und weitgehend sind, rufen Irritationen und echte Verunsicherungen in der Belegschaft hervor, die die Organisation erhebliche Energie kosten. Viele Beschäftigte halten gerade in der Krise aus Angst und Bequemlichkeit an alten Mustern fest und sind bemüht, mit allen Kräften die gewohnte Stabilität wiederherzustellen. Sind sie jedoch bereit, sich auf neue Muster und

Prozesse einzulassen, dann kann aus reiner Irritation und Verunsicherung der Zustand der Instabilität entstehen – ein Zustand flexibler Anpassungsfähigkeit. Das eröffnet neue Chancen, Akzeptanz für neue Wege zu generieren und aus den notwendigen Veränderungsprozessen immer wieder gestärkt hervorzugehen.

 Von Best Practice zu Next Practice!

Stoßen die kleinen Schritte der Veränderungen an ihre Grenzen, weil die Qualitäts- und damit die Leistungswerte der Produkte und Services an ihre Grenzen kommen und auch die Konkurrenz neue Antworten auf die Probleme der Kunden gefunden hat, dann wird der Übergang von der reinen Funktionsoptimierung (Best Practice) zum Prozessmusterwechsel (Next Practice) notwendig (Bild 7.1). Radikales Umdenken und neue Methoden müssen her.

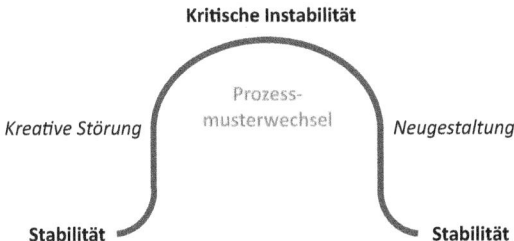

Bild 7.1 Mit Prozessmusterwechsel zu neuer Stabilität finden (Kruse, P., 2004)

Peter Kruse, leider bereits verstorbener Psychologe und Honorarprofessor für Allgemeine Organisationspsychologie an der Universität Bremen, beschreibt in seinem Buch „Next Practice" (2004) den Prozessmusterwechsel anschaulich am Beispiel der Hochsprungmethode vom „Straddle" zum „Fosbury-Flop". Nach dem Scherensprung war der Straddle über viele Jahre das dominierende Bewegungsmuster. Man sprang über die Latte, indem man sich vorwärts seitlich darüber wälzte. Der Grad der Beherrschung dieser Technik bei den damaligen Hochspringern war sehr hoch, und der Grad der Verbesserung zeichnete sich lediglich durch die Steigerung der gesprungenen Höhe um wenige Zentimeter ab. Dann geschah bei den Olympischen Spielen in Mexiko im Jahre 1968 etwas Unerwartetes: Der junge US-Amerikaner Richard Douglas Fosbury aus Portland zeigte plötzlich der Welt eine völlig neue Art, die Latte zu überqueren. Fosbury lief außerordentlich schnell an, nützte seinen linken Fuß als Stütze, drehte sich dann an der Latte überraschenderweise um und sprang rücklings.

Der Stil war einmalig und so originell, dass man ihn den „Fosbury-Flop" taufte. Fosbury legte die Latte auf 2,29 Meter, gewann die Goldmedaille und sprang Weltrekord. Doch noch vier Jahre danach übersprang der größte Teil der Hochsprung-Elite immer noch die Latte im Straddle-Stil. Das weist darauf hin, wie lange es dauert, Prozessmusterwechsel zu akzeptieren und den verbesserten Leistungseffekten zu trauen. Die deutsche Hochspringerin Ulrike Meyfarth war die erste, die bei den Olympischen Spielen in München im Jahr 1972 den Mut hatte, den Prozessmusterwechsel zu realisieren. Sie sprang Weltrekord mit dem Fosbury-Flop und wurde Olympiasiegerin – zum Entsetzen der damaligen Weltrekordhalterin Ilona Gusenbauer.

Veränderungen können große Chancen bedeuten für alle Beteiligten. Die Fähigkeit, mit Unsicherheiten zu leben und umzugehen, und die Bereitschaft, lieb gewordene Stabilität aufzugeben, werden zu entscheidenden Erfolgsfaktoren. Es reicht nicht mehr, einfach nur Ziele zu definieren und dafür zu sorgen, dass sie erreicht werden. Die Moderation eigendynamischer Netzwerke und der Umgang mit Instabilität werden immer wichtiger.

Wird ein bestehendes Muster aufgebrochen, dann führt das erst einmal zu einer Krisensituation. Die Bereitschaft, sich auf den Schmerz der notwendigen Veränderung einzulassen, ist eine unverzichtbare Voraussetzung für Innovation. Es ist sinnvoll, die Neuorientierung aktiv anzugehen, bevor die Umwelt eine Veränderung erzwingt. Wenn das alte System von außen unter Druck gerät, werden die Kosten für die Veränderungen immer teurer, und es wird sehr viel schwieriger, die Akzeptanz der Mitarbeitenden für diese Veränderungen herbeizuführen. Signale der Irritation werden oft übersehen. Nicht selten werden die Leistungen der Vergangenheit beschworen, man feiert alte Erfolge. Wenn die Signale dann stärker werden, kommt es zu automatisierten Selbstabwertungstendenzen und Schuldzuweisungen. Zahlen werden schön gerechnet, und jetzt tritt die wirkliche Krise ein.

Prozessmusterwechsel können Auslöser für grundlegende Veränderungen sein. Dafür gibt es aber laut Peter Kruse ein paar wichtige Voraussetzungen:
- Führung und Belegschaft brauchen ein gemeinsames Verständnis für das Management von grundlegenden Veränderungsprozessen (Basiskonsens).
- Die Führung definiert die Rahmenbedingungen und trifft die Entscheidungen. Die wirklichen Ideen zur Erneuerung werden aber in einem offenen Dialog und in einem Netzwerk von kollektiver Intelligenz entwickelt (Involvierung).
- Alle Informationen über Rahmenbedingungen, Entscheidungswege und Leistungsunterschiede werden im Prozess rückhaltlos offengelegt (Transparenz).

Das Allerwichtigste jedoch: Prozessmuster aufzubrechen verlangt Mut. Helfen lassen kann man sich dabei von der Resilienz. Von der ist in letzter Zeit häufiger die Rede, als dass sie in den Unternehmen tatsächlich anzutreffen ist.

8 Die Erfolgsstrategie der Agilität: Mit Schnelligkeit und Flexibilität antworten

Wenn sich Unternehmen und Belegschaft in einer hochgradig komplexen, dynamischen und intransparenten Welt rasch und nachhaltig im Sinne der Kunden verändern wollen, dann muss sich das in der Organisationsstruktur des Unternehmens widerspiegeln.

In den zurückliegenden 100 Jahren setzten die Unternehmen sehr stark auf die Effizienzsteigerung der internen und externen Prozesse. Die neue Generation der Arbeitskräfte wünscht sich eine andere Organisationsform der Arbeit, New Work genannt, in der sie partizipativ an der Zukunft „ihrer" Unternehmen arbeiten können. Sie wollen in einem Umfeld arbeiten, wo sie so sein können, wie sie sind. Sie wollen ihr Potenzial ausschöpfen, sie wollen selbstbestimmt wachsen und sich entwickeln können. Sie wollen Leistung bringen. Aber das Verhältnis zwischen dem Ergebnis ihrer Arbeit und der eingesetzten Energie sollte in einer vernünftigen Relation stehen.

Agilität ist eine sinnvolle Antwort auf die veränderten Märkte und Werte. Denn wie die Wirtschaft selbst ist Agilität kein linearer Prozess. Agilität ist iterativ, betrifft alle Ebenen des Unternehmens und braucht einen ganzheitlichen Ansatz. Kurz: Agilität ist eine andere Form der Unternehmensführung. Ein gutes Beispiel für den ganzheitlichen Ansatz liefert das Trafo-Modell der Personalmanagementberatung HR Pioneers *(hr-pioneers.com)*. Es zeigt, welche Dimensionen des unternehmerischen Handelns Sie beachten müssen, wenn Sie Ihr Unternehmen agil ausrichten wollen. Auf sechs Ebenen findet Agilität Anwendung und erfordert Veränderungen:

1. *Prozesse:* Klassische Managementmodelle orientieren sich an hierarchischen Strukturen. Projekte werden im Sinne des Wasserfallmodells geplant und realisiert: von oben nach unten, vom Großen zum Kleinen. Das Ziel, dynamische Kundenbedürfnisse optimal zu befriedigen, setzt jedoch eine agile Prozesslandschaft voraus, in die Projekte agil eingebettet sind. Das klassische Projektmanagement erschwert die dynamischen Veränderungsprozesse. Auf neue Situationen zu reagieren, ist schwierig. Oftmals müssen

aufwendige Reports erstellt und Lenkungskreise gehört werden. Agile Prozesse sind schlanke und flexible Prozesse. Ziel ist es, möglichst früh eine ausführbare Lösung zu liefern und schon vor oder bei der Erstellung der Lösung das Feedback der Kunden einzuholen. Scrum und Kanban sind dabei die wohl bekanntesten Methoden.

2. *Struktur:* Kundenorientierte Prozesse lassen eine neue Erfahrung der Zusammenarbeit zu und ermöglichen einer Organisation, Teams selbständiger und ohne klassische Hierarchie arbeiten zu lassen. In einer agilen Organisation brechen starre Silostrukturen auf und verbinden Teams über Abteilungen hinweg. In der Ablauforganisation stehen die Kunden im Vordergrund. Mit den neuen Arbeitsabläufen entstehen neue Kommunikationswege und neue Rollen wie zum Beispiel der Scrum Master oder der Agile Coach. Die Verantwortungen werden neu verteilt.

3. *Strategie:* Bei den klassischen Organisationszielen wie Umsatzsteigerung, Kostenminimierung oder Effizienzsteigerung spielt der Kundenfokus kaum eine Rolle. Anders bei der agilen Strategie: Hier steht der Kundennutzen im Vordergrund. Die Kunden werden Teil der strategischen Ebene. Wichtig dabei ist die Einführung von Key Performance Indicators (KPI), die alle Mitarbeitende in einem Unternehmen dazu anhalten, diese Strategie erfolgreich einzuführen.

4. *Führung:* Die klassische Führungsrolle geht einher mit fachlicher Expertise und hierarchischer Einordnung. Führungskräfte ordnen an, Untergebene führen aus. Agilität erfordert ein radikales Umdenken. Bei der Anwendung der Methode Scrum beispielsweise wird die Führungskompetenz auf das Scrum-Team, den Product Owner und den Scrum Master übertragen. Die Führungskräfte sind hier Dienstleister und Coach für ihre Teams. Ihre Aufgabe besteht darin, den Mitarbeitenden die optimale Arbeitsumgebung zu schaffen, in der sie die beste Leistung erbringen können. Selbstverantwortung und Selbstorganisation stehen im Vordergrund.

5. *Human Resources:* Die herkömmlichen Personalinstrumente sind meist auf Individualität und hierarchische Karrieren zugeschnitten. Jährliche Mitarbeitergespräche sowie jährliche Zielvereinbarungen fördern allerdings nicht das kundenzentrierte Arbeiten. Es wird wenig Wissen innerhalb der Organisation geteilt. Agilität erfordert hingegen Teamziele, kompetenzbasierte Karrieresysteme und eine starke Wertschätzungskultur.

6. *Kultur*: In klassischen Organisationen findet Kommunikation von oben nach unten statt und gleicht in den meisten Unternehmen einer Einbahnstraße. Informationen werden als Machtinstrument genutzt und nicht immer weitergegeben. Die Organisation funktioniert nur aufgrund von Re-

geln und Mechanismen. Vieles ist auf Kontrolle getrimmt. Führungskräfte verzetteln sich in internen Machtkämpfen zwecks Absicherung und Verbesserung ihrer Karriereperspektiven. Agilität dagegen verlangt Vertrauen und Transparenz. Der Grad der Offenheit gegenüber der Belegschaft und unter den Führungskräften setzen neue Maßstäbe.

■ 8.1 Die vier Merkmale einer agilen Organisation

In der Welt der schnellen Veränderungen und Unsicherheiten, in der bereits erwähnten VUCA-Welt (Volatility, Uncertainty, Complexity, Ambiguity), gilt es, ein Unternehmen zu schaffen und zu strukturieren, das schnell auf neue Ereignisse reagieren kann. Eine agile Organisation zeichnet sich nach Coach und Scrum Master Sanjiv Singh (2020) durch vier Merkmale aus (Bild 8.1):

1. *Lösungsorientierung:* Vorwärts- und Weiterdenken in alternativen, durchdachten Zukunftsplänen. Querdenken und das systematische Vergleichen von unterschiedlichen Zukunftsbildern erfordert eine neue Kultur des Zulassens, der Fehlertoleranz und Innovation, hohe geistige Beweglichkeit und Neugierde auf Neues.
2. *Interdisziplinäre Zusammenarbeit:* Ständiger Austausch mit der Umwelt durch heterogene Netzwerke, um Veränderungen und Tendenzen frühzeitig zu erkennen.
3. *Selbstorganisation:* Schlanke Aufbau- und Ablauforganisation sowie ein agiles Führungsverständnis bedeuten kurze Entscheidungswege, ohne Vorschriften und strikte Vorgaben. Alle tragen gemeinsam die Verantwortung für die Ergebnisse.
4. *Eigenverantwortung:* Die Besinnung auf die eigenen Stärken ist der Kern zur Weiterentwicklung. Es geht hier im Wesentlichen darum, die eigenen Potenziale zur Wandlungsfähigkeit zu reflektieren und zu stärken.

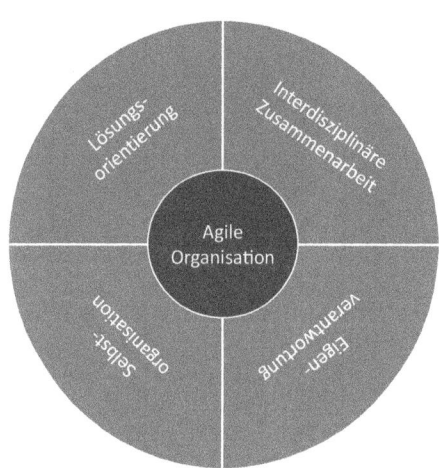

Bild 8.1
Merkmale einer agilen Organisation

Eine Organisationsform, die der agilen Organisation sehr nahe kommt, ist nach Gina Steiner (2020) die Netzwerkorganisation. Vernetzung und Kollaboration erlauben es, besser mit Komplexität umzugehen. Eine hohe Wandlungs- und Anpassungsfähigkeit sorgen für ein „auf der Höhe sein" mit dem Kunden. Die Tatsache, dass immer mehr schnelle Unternehmen die langsamen überholen, zwingen die Unternehmen dazu, sich verstärkt mit der vernetzten Organisation auseinanderzusetzen. Für Organisationen heißt das, sich mit ihrer Umwelt – also dem Markt, den Kunden, den Wettbewerbern und der Gesellschaft – zusammenzukoppeln und zu berücksichtigen, was außerhalb des eigenen Unternehmens passiert.

Netzwerke sind agile Gefüge. Netzwerkorganisationen sind Mehrliniensysteme mit einem hohen Grad an Dezentralisierung. Jeder Aufgabenträger kann mehreren Instanzen unterstellt sein. So gelingt es viel leichter, Aufgaben schnell anzupassen. Es gibt kaum Hierarchie, da Mitarbeitende in Netzwerken teamübergreifend arbeiten und selbstbestimmt und selbstverantwortlich entscheiden. Die Tätigkeiten sind nicht starr, sondern breit aufgestellt: Jeder soll zu jeder Zeit und überall seinen Einsatz und Beitrag leisten können, wo es für das Ergebnis erforderlich ist. Informationen fließen an viele und gleichzeitig. Dadurch wird sowohl Wissen als auch Erfahrung schnell aufgebaut und geteilt, und Transparenz wird vollständig hergestellt.

8.2 Von der Netzwerkorganisation lernen

Damit eine Netzwerkorganisation gut und effizient arbeiten kann, müssen folgende Voraussetzungen gegeben sein:
- *Klare Ausrichtung:* Tragende Vision, Richtungsweise, deutlich umrissene Vorstellung, wohin es gehen soll, und eindeutige Ziele.
- *Klare Entscheidungsbefugnisse:* Definition von Entscheidungsspielräumen inklusive Verantwortlichkeiten und Akzeptanz von Fehlentscheidungen.
- *Klare Haltung:* Das gemeinsame Wollen ist die entscheidende Kraft einer Netzwerkorganisation. Ein partnerschaftliches Beziehungsgeflecht, keine Einzelbetrachtung, sondern ein gemeinsames Sich für die Sache einsetzen. Eine gemeinsame Win-Win-Situation schaffen. Führungskräfte müssen gönnen können.

Beim vernetzten Arbeiten geht es um das verantwortliche Tun des Einzelnen, ausgerichtet an der gemeinsamen Sache, nämlich der besseren Befriedigung der Kundenbedürfnisse. Der Erfolg des Einzelnen wird als nützlich und wertvoll für die Gruppe erkannt. Das Wissen ist verteilt und steht allen Beteiligten offen. Die Führung von oben herab und Konkurrenzdenken widersprechen der gemeinsamen Arbeit.

Der Fokus von Agilität liegt auf einer flexiblen Vorgehensweise, die an die jeweiligen Kontexte immer wieder neu angepasst werden müssen. Es gibt daher keine Schritt-für-Schritt-Anleitung. Das Konzept der Agilität ist eine Denk- und Handlungsweise, die den konstanten Wandel ohne starr festgelegte Ziele beschreibt. Die sich rasch verändernden Kundenbedürfnisse verlangen von allen Unternehmen eine sehr schnelle Reaktionsfähigkeit, und hierbei wird in der Zukunft der Mindset der Agilität einen sehr großen positiven Beitrag leisten.

Hinzukommt, dass immer mehr Menschen in Unternehmen mit flachen Hierarchien und selbstorganisierten und selbstbestimmten Teams arbeiten wollen. Agil arbeitende Kräfte haben mehr Freiheitsgrade und Handlungsspielräume, die sie auch bereit sind zu nutzen – und das sollte das Ziel eines jeden Unternehmens sein.

8.3 Leistungsfähiges Wissensmanagement und lernende Organisation

Wissen war schon immer ein wesentlicher Faktor für den Erfolg und die Wettbewerbsfähigkeit von Unternehmen. Heute hat Wissen aufgrund der beschleunigten technischen Entwicklung, der immer kürzeren Produktlebenszyklen, der Globalisierung und der damit einhergehenden internationalen Arbeitsteilung noch stärker an Bedeutung gewonnen. Mit jedem Angestellten, der das Unternehmen verlässt, verliert es Wissen. Und das ist ein hohes Risiko.

Unternehmen werden heute vermehrt als wissensverarbeitende Systeme betrachtet. Um den Umfang eines nachhaltigen Wissensmanagements zu erfassen, sollten Sie auf diese acht Funktionen des Wissensmanagements achten (Probst, G., 2012):

- *Wissensziele:* Festlegung von Zielgrößen für das Wissensmanagement aus den übergeordneten Unternehmenszielen. Festlegung von strategischen Wissenszielen unter Berücksichtigung der Kernkompetenzen und des Wissensbedarfs des Unternehmens.
- *Wissensidentifikation:* Schaffung von Transparenz über intern oder extern vorhandenes Wissen. Überblick über bestehende Aktivitäten, Erfahrungen und Problemlösungen inklusive konsequenter Beobachtung externer Quellen (Kunden, Partnern, Lieferanten und andere).
- *Wissenserwerb:* Konzentration auf die aktive Gewinnung von Wissen.
- *Wissensentwicklung:* Ergänzung des Wissenserwerbs. Aufbau von im Unternehmen noch nicht bestehendem Wissen, unter anderem durch Nutzung der Kreativität der Mitarbeitenden.
- *Wissensverteilung:* Zugänglichmachung von Wissensbeständen an relevante Akteure. Transfer des individuellen Wissens auf die Gruppen- oder Organisationsebene.
- *Wissensnutzung:* Beseitigung von Nutzungsbarrieren. Nutzergerechte Gestaltung der Wissensangebote.
- *Wissensbewahrung:* Identifikation und Speicherung von zukünftigem Wissen. Regelmäßige Aktualisierung. Soll Wissen dauerhaft und personenunabhängig verfügbar sein, muss eine Kodifizierung erfolgen.
- *Wissensbewertung:* Prüfung der Wirksamkeit und Wirtschaftlichkeit der Maßnahmen vor dem Hintergrund der festgelegten Ziele inklusive notwendiger Kurskorrekturen.

Beim Aufbau eines systematischen Wissensmanagements spielt Technologie eine immer wichtigere Rolle. Es gibt leistungsfähige Plattformen zum Wissenstransfer, beispielsweise zwischen Mitarbeitenden und anderen internen sowie externen Partnern. Das Ziel: An einem Ort sind Veröffentlichungen, Nachrichten, Antworten auf häufige Fragen oder auch Best-Practice-Beispiele zu finden. Zusätzlich können die Nutzer die Möglichkeiten der Kollaboration nutzen. Sie können Diskussionen starten und sich innerhalb offener und geschlossener Gruppen über bestimmte Themen austauschen. Wissen wird in Form von Wikis oder Blog-Artikeln geteilt. Informationen aus Diskussionen, Beiträgen oder Projekten werden nach Relevanz priorisiert angezeigt.

> Durch das systematische Sammeln und Bündeln von Wissen werden Zeitverluste bei der Suche nach Informationen und Ansprechpartnern erheblich verringert. Dank der Möglichkeiten, Ideen und Verbesserungsvorschläge zu diskutieren und zu evaluieren, erhöht der Aufbau eines Wissensmanagements die Innovationsfähigkeit und das agile und schnelle Handeln im Sinne der Kunden.

Der Aufbau eines Wissensmanagements bedingt Stetigkeit und eigene Ressourcen und ist abhängig von der Qualität der Informationen. Erforderlich ist ein hohes Maß an Engagement der Mitarbeitenden, das Wissen zu sammeln und konstant in ein System einzupflegen. Notwendig dafür ist auch die Einsicht, dass das Teilen des Wissens allen Vorteile bringt. Empfehlenswert ist, zusammen mit den Mitarbeitenden zu definieren, was der Nutzen für jeden einzelnen Mitarbeitenden und auch für das gesamte Unternehmen ist, und diesen Nutzen auch transparent zu kommunizieren.

Wissensmanagement basiert auf einer offenen, dialogorientierten Unternehmenskultur mit flachen Hierarchien, praktiziert von der gesamten Belegschaft und vorgelebt von der gesamten Unternehmensführung.

> Ein funktionierendes Wissensmanagement bildet die Basis für eine lernende Organisation. Eine lernende Organisation ist die Basis für Veränderungen und Innovationen.

Anpassungs- und Innovationsfähigkeit sind starke Motivationsgründe für eine lernende Organisation. Eine permanente Entwicklung hierher kann allerdings nur stattfinden, wenn die Mitglieder einer Organisation über die notwendigen Kompetenzen dafür verfügen und motiviert sind, diese auch in das Unternehmen einzubringen. Jedes einzelne Teammitglied trägt mit der individuellen Einstellung zum Lernverhalten einer Organisation bei. Eine offene Fehlerkultur und ein transparentes Fehlermanagement beispielsweise erlaubt es den Mitarbeitenden, Fehler offen anzusprechen und aus ihnen zu lernen. Und es ermutigt sie, Fehler zu korrigieren.

Darüber hinaus sehr wichtig ist die kontinuierliche Kommunikation über alle Unternehmensbereiche hinweg. Wenn dann noch die Visionen und Strategien offen unternehmensweit kommuniziert werden, können Mitarbeitende ihr Handeln daran ausrichten und zur Erreichung der Ziele beitragen. Eine transparente Kommunikation über Erfolge und Misserfolge sowie über Erkenntnisse und Ergebnisse einer lernenden Organisation sorgt bei der Belegschaft für einen zusätzlichen Motivationsschub und ermutigt sie zum stetigen Lernen.

Peter M. Senge, Direktor des Center for Organizational Learning an der MIT Sloan School of Management, beschreibt in seinem Buch „The Fifth Discipline" (1990) die fünf notwendigen Kompetenzen für eine erfolgreiche Umsetzung:

1. *Personal Mastery:* Das Lernengagement einer Organisation kann nur so groß sein wie das ihrer Mitarbeitenden. Personal Mastery beschreibt die Fähigkeit, die Ziele konsequent zu verfolgen und zu verwirklichen, Lernmöglichkeiten zu schaffen und zu nutzen, das eigene Verhalten zu reflektieren und unter hoher Belastung professionell zu agieren.

2. *Mentale Methode:* Unsere Vorstellung der Realität muss nicht mit der Realität anderer Personen übereinstimmen. Mentale Modelle sind häufig unbewusst und können die Handlungsfähigkeit blockieren. Deshalb gilt es, sie aufzudecken, in Frage zu stellen und sie gemeinsam zu verändern. Zentral sind hierbei Offenheit, Konfliktfähigkeit und Flexibilität.

3. *Gemeinsame Visionen* sind wichtig, um das Engagement aller auf ein gemeinsames Unternehmensziel zu lenken. Die Festlegung gemeinsam erarbeiteter Zukunftsbilder kann Menschen über sich hinauswachsen lassen. Eindeutige und umsetzbare Ziele sind hierbei genauso wichtig wie das Commitment der Mitarbeitenden.

4. *Teamlernen:* Erfolgreich arbeiten in einem Team ist nur möglich, wenn die einzelnen sich gegenseitig unterstützen und ein permanent aktiver und konstruktiver Austausch im Gange ist. Dazu gehört neben der Etablierung eines effizienten Informationsprozesses die akkurate Analyse und Nutzung der Fachkompetenz der gesamten Belegschaft.

5. *Systemdenken:* Übergreifende Zusammenhänge und die Wechselwirkungen müssen aufgezeigt, begriffen und kommuniziert und dahinter liegende Veränderungsmöglichkeiten erkannt werden, um fundierte, zukunftsfähige Strategien entwickeln zu können. Dabei sollten die Marktentwicklung und das Kundeninteresse eine wichtige Rolle spielen.

8.4 Business Ecosystems aufbauen

Lernen ist ein Vorgang, bei dem wir uns das Wissen von anderen Menschen aneignen. Von wem könnte man in der Geschäftswelt besser lernen als von den Kunden und von der Konkurrenz? Besonders groß ist der Lerneffekt, wenn man sich ein Business Ecosystem aufbaut. Darunter versteht man sich dynamisch entwickelnde Gemeinschaften verschiedener Akteure wie Unternehmen, Start-ups, Konsumenten oder Institutionen, die durch die gemeinsame Nutzung von Ressourcen sowie durch die Einhaltung gemeinsam vereinbarter Werte (Governance) Märkte bilden und in Wertschöpfungsnetzwerken oder in einem gemeinsamen Geschäftsmodell Mehrwerte schaffen (Burkhalter, M., 2018).

Der Begriff Ecosystem stammt ursprünglich aus der Ökologie und wurde erstmals 1993 von James F. Moore (1993) in einem wirtschaftlichen Zusammenhang genannt. Was er damals den Unternehmen in einer damals noch weitgehend nicht digitalisierten Welt prognostizierte, gilt für die digitale Welt von heute erst recht: Durch zunehmend homogenere Produkte und immer neue Markteintritte werden die Märkte immer umkämpfter. Anstatt sich in den Preiskampf zu stürzen, um Marktanteile zu behaupten, empfiehlt Moore den Unternehmen die Steigerung der Innovationsfähigkeit. Das sollen sie durch gezieltes Vernetzen in einem Ecosystem erreichen. Nach Moore sollen sich Unternehmen nicht als Mitglied einer einzelnen Industrie verstehen, sondern als Mitglied eines branchenübergreifenden Systems aus vernetzten Unternehmen. Weil die Digitalisierung diese Vernetzung vereinfacht und die Kosten dafür reduziert, entstehen in immer mehr Marktsegmenten neue Business Ecosysteme, in denen die Unternehmen voneinander lernen und gemeinsam etwas aufbauen. Die Unternehmensberatung Deloitte und das Business Engineering Institute St. Gallen haben das 2021 für den Finanzbereich näher untersucht und dabei Fragestellungen aufgeworfen, die in jedem Unternehmen auf die Agenda gehören (Deloitte 2021):

1. Welche Ecosysteme werden sich in Zukunft bilden, was sind mögliche Mechanismen der Kollaboration, und wie verläuft der Datenaustausch zwischen den Partnern im Ecosystem?

2. Wie können sich Unternehmen in Ecosystemen positionieren, und welchen Einfluss hat die Teilnahme im Ecosystem auf ihre zukünftigen Erlösmodelle, Unternehmensprozesse und auf die Systemtechnologie?

3. Welchen Veränderungsbedarf gibt es bei der Kundendatenhaltung, und wie können sich Unternehmen im Hinblick auf die Datenhoheit bei ihren jeweiligen Kundengruppen positionieren?

4. Welchen Einfluss hat die Kollaboration im Ecosystem auf die Führung im Unternehmen, und wer orchestriert das Ecosystem?

Die Zusammenarbeit mit Start-ups ist eine hervorragende Möglichkeit, um ein Ecosystem auf- und auszubauen (Wrobel, M. et al. 2017). Ein großer Vorteil für etablierte Unternehmen besteht darin, dass sie durch die Kooperation mit Startups Zugang zu neuesten und innovativsten Produkten und Technologien bekommen. Zugleich kann die interne Struktur an Start-ups angepasst werden, sodass sie agiler, schneller und innovativer wird. Aber aufgepasst: Die Zusammenarbeit mit Start-ups eignet sich nicht zur oberflächlichen Imagepflege, denn Innovationen und Synergieeffekte entstehen nur im Rahmen einer konsequenten Lern- und Innovationsstrategie, in der Start-ups ein sehr wertvoller Baustein darstellen.

Zwei Wege bieten sich für die Zusammenarbeit mit Start-ups an: Der eine besteht darin, Start-ups als Kunden zu gewinnen. Auch wenn sie wesentlich kleiner als das eigene Unternehmen sind, sollte man sie ernst nehmen. Start-ups haben schnelle Entwicklungszyklen, während große Firmen naturgemäß längere und komplexere Entscheidungsprozesse durchlaufen. Damit beide Seiten nicht ihre Zeit verschwenden, sollte man zügig entscheiden, wo und wie man zusammenarbeiten möchte. Der andere Weg besteht in der gezielten Investition in Start-ups als strategisches Investment. Doch dafür gilt es, ein paar Punkte zu beachten. Zuerst muss geklärt werden, was eigentlich von einem Start-up erwartet wird. Verfügt es über eine interessante oder gar revolutionäre Technologie? Sollen frische Impulse in Bezug auf die Unternehmenskultur gesetzt werden? Oder sind es die dynamischen jungen Kräfte, die man eigentlich lieber im eigenen Unternehmen hätte?

Ein häufig gemachter Fehler bei der Suche nach externen Innovationen besteht darin, dass zu wenige Start-ups in Betracht gezogen und der gewählte Blickwinkel zu eng ausfällt. Aus einem Dutzend Ideen oder Start-ups kommt höchstens eine gute Idee oder Geschäftsmodell heraus, das sich weiterzuführen lohnt. Für die Beteiligung an Start-ups sollten Sie die alte Artilleristenregel beherzigen: Nicht kleckern, sondern klotzen. Eine gute Möglichkeit besteht darin, die Start-up-Aktivitäten in einem Innovation Hub zu bündeln.

9 Die Erfolgsstrategie der Stabilität: Resilienz stärken

Ein Löwenzahn wächst – egal, wie widrig die Bodenbedingungen sind und gleichgültig, wie oft er als Unkraut vom Gartenbesitzer herausgerissen wird. Ich bin dafür, ihn uns zum Vorbild zu nehmen.

Der Begriff Resilienz ist vom lateinischen Wort *resiliare* (abprallen, zurückspringen) abgeleitet. Es kommt ursprünglich aus der Werkzeugkunde und beschreibt die Fähigkeit eines Stoffes, nach einer Verformung wieder in seine Form zurückzukehren. Im Kontext von Unternehmen bedeutet das, Krisen unbeschadet zu bestehen und sogar gestärkt daraus hervorzugehen. Man kann also sagen, wenn man resilient ist, dann ist man krisenfest oder widerstandsfähig. Dann kann man auf tiefgreifende Transformationen und Verformungen wie zum Beispiel Pandemien, Technologiesprünge oder sich elementar verändernde Kundenbedürfnisse weit besser reagieren und Prozessmusterwechsel besser gestalten.

Resilienz wird immer wieder in Verbindung gebracht mit Härte. Das Gegenteil ist der Fall: Harte Materialien zerbrechen bei der Verformung. Vielmehr kommt es bei der Resilienz auf emotionale und geistige Flexibilität an. Erschütterungen von außen werden mit einer gewissen Ruhe und Gelassenheit aufgenommen und die durch die Erschütterungen entstehenden inneren Schwingungen zugelassen. Das Ziel dabei ist, sie aktiv zu dämpfen und nicht noch zu verstärken. Bei der Verformung kehrt das ursprüngliche Material nicht mehr genau in die alte Form zurück, sondern in diejenige Form, die der vorherigen am nächsten kommt und durch die neuen Umgebungsbedingungen zugelassen wird. Resilienz macht also Veränderungen möglich und transparent. Und hilft beim Überleben.

Der eingangs erwähnte Löwenzahn ist ein Musterbeispiel für Resilienz.

Katja Nettesheim (2020) schreibt in einem Aufsatz, dass Forschungsergebnisse darauf hinweisen, dass resiliente Menschen Verformungen, Umbrüche und Transformationen als weniger belastend empfinden. Auf der Basis dieser Einstellung gestalten sie diese schwierigen Situationen so, dass sie sie einigermaßen unbeschadet überstehen. Resiliente Menschen sind also keine blinden Optimisten, sondern vielmehr aktive Gestalter. Sie stellen sich aktiv der Krise, anstatt die ungelösten Probleme einfach in die Zukunft zu schieben. Amerikaner nennen dies „to kick the can down the road" und meinen damit, es sei vernünftiger, eine verbeulte Blechdose (= das Problem) wegzuräumen, anstatt sie dort liegen zu lassen, wo sie ist, und das Aufräumen ihren Nachfolgern zu überlassen. Das Bundesverfassungsgericht hat das bei seiner Entscheidung über das Klimaschutzgesetz im Frühjahr wohl ähnlich gesehen.

Es ist effizienter, Krisenzeichen schon vor der tatsächlichen Krise richtig zu deuten und auf eine Lösung hinzuarbeiten, als erst dann zu reagieren, wenn man sich im Auge der Krise befindet. In vielen Unternehmen baut sich durch ungelöste Krise eine wachsende Instabilität auf, bis schließlich ein ernsthaft kritischer Zustand erreicht wird. In solch angespannten Zuständen können dann Kleinigkeiten verheerende Kettenreaktionen auslösen (Buchanan, M., 2002).

 Krisenprävention hat vielfachen Nutzen. Sie erhöht die Fähigkeit zum flexiblen und entschlossenen Handeln und ermöglicht es, bedrohliche Entwicklungen, überraschende Veränderungen oder auch schleichende, langsame Entwicklungen in den Märkten frühzeitig zu erkennen.

Der erste Schritt hin zu einer systematischen Krisenprävention besteht darin, Entwicklungen zu identifizieren, die für das eigene Unternehmen zum Game Changer werden könnten. Und da reicht es bei Weitem nicht, sich in der Betrachtung auf das eigene Geschäft zu beschränken. Man muss hauptsächlich das Geschäft seiner Kunden betrachten und das ihrer Kunden. Es lohnt sich zu durchdenken, welche Bedrohungen, aber auch welche Chancen sich daraus für das eigene Business ergeben.

30 Prozent der europäischen Bevölkerung leiden an stressbedingten psychischen Erkrankungen. Das hat der Neurowissenschaftler Raffael Kalisch (2017) herausgefunden. Erfolgreich angewandte Resilienzforschung könnte die Erkrankungszahlen erheblich reduzieren und mehr Selbstentfaltung ermöglichen, indem sie Menschen unnötige Ängste nimmt und die Produktivität steigert.

Resilienz ist das Immunsystem der Seele. In der Psychologie beschreibt der Begriff die Fähigkeit, Krisen, Rückschläge oder Verluste zu meistern, ohne sich davon dauerhaft unterkriegen zu lassen. Statt ohnmächtig und hilflos das eigene Leben zu betrachten, verhilft Resilienz dazu, weiterzumachen, das Tief zu überwinden und sich den neuen Herausforderungen zu stellen. Während also andere Menschen auf Härtefälle mit Angsterkrankungen, Depressionen oder Sucht reagieren, perlt der Stress an ihnen ab wie bei einem Schutzschild. Sie sehen auch in einer Krise ein Körnchen Gutes und Sinniges, und ihr neuronales Belohnungssystem zeigt noch genügend Aktivität.

Resiliente Menschen erachten und erleben ihr Leben als sinnvoll. Sie sind zuversichtlich, dass sich etwas verändert, wenn man nur handelt. Ein guter Zugang zu seinen Gefühlen und Zuversicht hilft, Resilienz aufzubauen. Wer sich allerdings übertrieben schont, Konflikten aus dem Weg geht und stets den leichten Weg geht, schwächt seine innere Widerstandskraft.

 Resiliente Menschen können besser mit Unsicherheiten umgehen. Das ist eine Eigenschaft, die in einer von Unsicherheit geprägten Welt einen erheblichen Vorteil darstellt.

Untersuchungen zeigen, dass Resilienz kein Schicksal ist. „Man kann umlernen und schädliche Assoziationen verlernen", sagt Kalisch. Freilich ist das ein langfristiger Prozess, auf den man sich einlassen und den man bewusst wollen muss.

Resilienz ist das Immunsystem der Psyche. So wie Bakterien und Viren das Immunsystem angreifen, so belasten Krisen und Stress unser psychisches Immunsystem. Trotz aller Hindernisse sollten Führungskräfte und Mitarbeitende gerade in Krisenzeiten Stärke und Gelassenheit zeigen. Das bedeutet im Einzelnen:

- Achtsam sein, aber Herausforderungen und Veränderungen positiv und nicht als Mühsal ansehen. Eine optimistische, bejahende Lebenseinstellung, die zukunftsgerichtet ist, und ein gutes Selbstwertgefühl sind dabei sehr hilfreich.
- Suchen Sie nach Verbündeten und Mitkämpfern im Unternehmen. Bauen Sie Kontakte auf. Gemeinsam sind Sie stärker.
- Realitäten erkennen und analysieren, Stress akzeptieren und umwandeln in positive Energie; aktive Suche nach Lösungen. Zerteilen Sie große Probleme in kleine, machen Sie bewusste Pausen, und beschäftigen Sie sich auch mal mit anderen Dingen.
- Nehmen Sie eine andere Perspektive ein. Schaffen Sie sich Optionen von Lösungen und wählen Sie eine davon aus.
- Gutes Selbstmanagement bringt Zeit, Ruhe, Gelassenheit und Energie.
- Entwickeln Sie die Ambition, mit steigenden Anforderungen gut zurechtzukommen.

- Sehen Sie Rückschläge als Herausforderung und Chance und nicht als Misserfolg. Versinken Sie nicht in Selbstmitleid.
- Klarer Fokus auf Prioritäten. Glauben Sie an Ihre eigenen Fähigkeiten. Erlangen Sie Handlungskontrolle und halten Sie an Erfolgen fest.
- Übernehmen Sie Eigenverantwortung und fallen Sie nicht in der Opferrolle. Sollten Sie schon drin sein: Verharren Sie dort nicht. Kommen Sie dort heraus.
- Treffen Sie mutig Entscheidungen. Schließlich können Sie sie wieder revidieren.
- Nehmen Sie sich eine Auszeit, wenn Sie das Gefühl haben, jetzt sei es Zeit dafür.

Resilienz lässt sich trainieren und damit stärken. Je mehr Sie trainieren, desto mehr Zeit, Geld und Opportunitätskosten sparen Sie.

So können Sie Ihre Resilienz und die Ihrer Belegschaft stärken:
1. Individualität respektieren: Akzeptanz von Stärken, Ängsten und Grenzen.
2. Zuhören und Durchführung von systematischen Mitarbeitergesprächen: Grundlage für Vertrauensbeziehung zwischen Führungskraft und Angestellten.
3. Selbstwirksamkeit beachten: Der Glaube an die eigenen Fähigkeiten und Kompetenzen ist die Basis für das selbständige Bewältigen und Lösen von Krisen und Problemen.
4. Selbstbewusstsein stärken: Mitarbeitenden etwas zutrauen und Wertschätzung entgegenbringen, Mitarbeitende frühzeitig in Prozesse einbinden.
5. Eigenverantwortung einsetzen: Übernahme von Verantwortung und der Wille, jegliche Probleme eigenverantwortlich zu lösen – auch wenn man sie nicht verursacht hat.
6. Emotionen kontrollieren: Oftmals fördern hohe Emotionen sogar noch die Ängste.
7. Ziele, Fokus und Prioritäten klar definieren und schriftlich festhalten: ständige, gemeinsame Kontrolle der Fortschritte.
8. Hilfe und Unterstützung geben, wo notwendig: durch Netzwerke, Technologien, Ressourcen oder Coaching.
9. Leistungszyklen erkennen, Entwicklungen festhalten und wertschätzen: Feststellung von Belastungsgrenzen und Adjustierung der Ziele, wenn nötig.
10. Aufbau eines gut strukturierten Wissensmanagements. Fakten und Hintergrundwissen geben Sicherheit.
11. Etablierung eines starken und verlässlichen Netzwerkes von internen und externen Experten, die praktische Unterstützung bieten, um unbeschadet aus der Krise heraus zu kommen.

10 Die Erfolgsstrategie der Transparenz: Richtig kommunizieren

Kommunikation ist nur dann wirksam, wenn im Unternehmen eine transparente und ehrliche Zwei-Wege-Kommunikation gelebt wird. In der stehen die Unternehmensführung und die Belegschaft sowie externe Partner und Kunden in einem dauerhaft offenen Dialog – immer eingebettet in den strategischen Gesamtrahmen. Eine einseitige Top-Down-Kommunikation, die meistens noch Dinge schönt und Neues und Zusammenhänge nicht erklärt, funktioniert heute nicht mehr. Sie weckt weder nach innen noch nach außen Vertrauen und ist nicht glaubwürdig.

Wie man es nicht machen sollte, zeigt das Beispiel eines früheren Chefs von mir. Er praktizierte Kommunikation nach dem römischen Prinzip „divide et impera", teile und herrsche. Er hatte ein globales Führungsteam von fünf Managern aufgebaut und entschied allein, worüber er mit welchem seiner Manager sprach. Es gab zwar jede Woche gemeinsame Calls mit dem Führungsteam. Doch hier wurde nichts diskutiert, es wurden nur Ergebnisse präsentiert. Meine Kollegen und ich hatten keine Möglichkeit des echten Austauschs und waren der Willkür des Chefs ausgesetzt, der nicht daran interessiert war, die Sicht seiner Mitarbeiter zu berücksichtigen. Sie werden mir zustimmen: Das Ergebnis dieser Form der Zusammenarbeit ist auf Dauer sehr unbefriedigend.

Von vielen Managerinnen und Managern wird die interne Kommunikation dazu benutzt, um die eigene Macht zu zementieren und sich selbst in einem guten Licht darzustellen, um die eigene Karriere zu befördern. Führungskräfte definieren sich häufig wesentlich stärker über ihre Position im Unternehmen als über ihre Aufgabe und ihre Verantwortung, und im schlimmsten Fall zeigen sie das auch, wenn sie kommunizieren. Das widerspricht jeder dialogorientierten Kommunikation. Zu wenig oder falsche Kommunikation ist einer der häufigsten Gründe, warum zum Beispiel die Implementierung von nachhaltigen Change-Prozessen scheitert.

Veränderungsprozesse erfordern eine neue Form der Führungskultur – von einer rein statischen hin zu einer dynamischen und kooperativen Führungskultur, die geprägt wird von Begriffen wie Empowerment, Agilität, Learning Environment, Cooperatives/Social Networks und Selbstmanagement. Das ist ein gewaltiger Unterschied zu der alten Kommunikationswelt!

■ 10.1 Vertrauen, Kompetenz und Glaubwürdigkeit aufbauen

Die Grundlage jeglicher Kommunikation ist das Vertrauen aller Empfänger in die Wahrhaftigkeit der gesendeten und empfangenen Botschaft. Vertrauen setzt voraus, dass sowohl die Aussagen des Botschaftssenders als auch der Sender selbst für vertrauenswürdig gehalten werden und zwar nicht nur für den Augenblick, sondern auch für längere Zeitperioden.

Vertrauen kann nur entstehen, wenn die Empfänger ernst genommen und respektiert werden. Das heißt zum Beispiel, dass die Kompetenz des Kommunikators von den Empfängern als hoch eingeschätzt wird, dass in der Kommunikation die Sorgen und Nöte der Belegschaft berücksichtigt und dass Lösungswege hinreichend aufgezeigt und erklärt werden.

Permanente und transparente Kommunikation baut Vertrauen auf und aus. Dafür muss es eine offene und ehrliche Interaktion zwischen Vertrauensgebenden und Vertrauensnehmenden geben. Vertrauen ist flüchtig; wird es enttäuscht oder übermäßig beansprucht, verschwindet es sehr schnell. Vertrauen ist immer mit einem gewissen Risiko für den Informanten verbunden, aber der Nutzen ist höher als das Risiko. Das Risiko des Vertrauensmissbrauchs ist geringer, wenn konsequent und glaubwürdig kommuniziert und die Informationslage offen dargestellt wird, als wenn man zu wenig miteinander spricht und dadurch erhebliche Unklarheiten entstehen, die eine Organisation über Monate lahmlegen können.

Mit vertrauensvoller Kommunikation wird die Komplexität reduziert, und zwar deshalb, weil weniger Energie in ökonomisch unproduktive Bahnen wie kräftezehrende Kampfstrategien und Kontrollen gelenkt wird. Mit wachsendem Vertrauen nimmt auch die Qualität der ausgetauschten Information zu. Vertrauen ermöglicht Entscheidungen unter Unsicherheit und unvollständigem Wissen.

Glaubwürdigkeit müssen Sie sich immer wieder aufs Neue erarbeiten. Wir messen Vertrauen und Glaubwürdigkeit an Erfahrungswerten, die sich festmachen an folgenden Fragen: Hat mich diese Person schon einmal absichtlich oder unabsichtlich falsch informiert oder belogen? Hat das Unternehmen schon einmal versucht, die Wahrheit zu verschleiern? Dabei spielen neben dem täglichen authentischen und aufrichtigen Verhalten eines Kommunikators die Information an sich und die damit beschriebene Faktenlage eine große Rolle für Glaubwürdigkeit. Wir leben in unterschiedlichen Realitäten. Die Information, die kommuniziert wird, muss faktisch belegbar und begründbar sein, damit sie bei den Empfängern wie beabsichtigt ankommt und weitergegeben wird.

10.2 Key-Kriterien für eine funktionierende Kommunikation

- Kommunikation muss sehr gut vorbereitet, zeitnah und in der Sache her schlüssig, verstehbar und eindeutig sein. Jegliche Verzögerung führt zu Misstrauen und Frustrationen. Wichtige Mitarbeiter und Mitarbeiterinnen sollten im Vorfeld bei der Formulierung der Botschaft eingebunden werden. Der Inhalt sowie der Verteiler des Inhalts der Botschaft sollten vor der Sendung offen diskutiert werden und feststehen, bevor die Nachricht formuliert und auf den Weg gebracht wird.

- Kommunikation muss offen und ehrlich sein, auch wenn es hart für die Unternehmensführung oder für die Belegschaft ist. Im Vordergrund müssen immer die Fakten stehen. Dazu gehört der Mut, Fehler oder Versäumnisse in aller Deutlichkeit zu benennen, und Wege aufzuzeigen, wie man die Dinge besser machen kann.

 Ein realistisches Erwartungsmanagement bei der Kommunikation erhöht die Glaubwürdigkeit. Ankündigungen und Pläne, die nicht eintreten, zerstören das Vertrauen.

- Kommunikation muss dem Prinzip KISS *(Keep it simple, stupid)* folgen: Man sollte bei einem Problem eine möglichst einfache Lösung anstreben. Dazu sollten die Zusammenhänge hinreichend erläutern werden. Bitte vermeiden Sie Floskeln. Die Wortwahl, Sprache und die Tonalität der Kommunikation sollten der jeweiligen Situation entsprechen und an die Zielgruppe angepasst sein.

- Kommunikation sollte Generalisierung und Übertreibungen vermeiden. Bei Generalisierung laufen Sie Gefahr, Sachverhalte zu verschleiern. Übertreibung klingt nach Werbung.
- Kommunikation muss lückenlos und sehr gut vorbereitet sein. Alle möglichen Fragen sollten von vornherein beantwortet werden. Die Kommunikation sollte eine gewisse Aussagekonstanz über die Zeit hinweg haben, mit der Möglichkeit der leichten Nachjustierung bei veränderter Lage.
- Kommunikation sollte einheitlich und zeitgleich stattfinden. Drehen Sie keine Sonderschleifen und braten Sie niemandem eine Extrawurst. Das Unternehmen muss nach innen wie nach außen gut orchestriert agieren. Alle an der Kommunikation Beteiligten müssen aufeinander abgestimmt und möglichst synchron agieren. Bitte vermeiden Sie Widersprüche und Kanaldiskrepanzen. Die Kommunikation kann aber die Spezifika der jeweiligen Kanäle (Intranet, Social Media, PR) nutzen.
- Kommunikation sollte empathisch, dialogorientiert und wechselseitig sein. Bauen Sie bitte das Wissen um die Gefühlswelt und die positive Power der Belegschaft und externen Partner in die Kommunikation ein und verstärken Sie sie. Hören Sie Ihren Mitarbeiterinnen und Mitarbeitern immer aufmerksam zu, zapfen Sie sie als Frühwarnsystem an, und Sie werden das richtige Problembewusstsein und die adäquate Form im Unternehmen treffen.

All das gilt auch in einer Krise. Krise ist immer geprägt von Unvorhersehbarkeit und enormer Zeitnot. Deshalb ist es hier besonders wichtig, vor, während oder nach einer Krise folgende Dinge zusätzlich zu beachten:

1. Recherchieren Sie sauber und in aller Ehrlichkeit, was zur Krise geführt hat. Die Analyse ist enorm wichtig und entscheidet über eine erfolgreiche Krisenbewältigung.
2. Erarbeitung von Krisenplänen: Festlegen von Standards und Verantwortlichkeiten für verschiedene Arbeitsabläufe bei einer Krise – strukturiert, aktuell, umfassend, die Einbindung der richtigen und interdisziplinären internen und externen Spezialisten, Definition der Kommunikationswege.
3. Für die Kommunikation in der Krise gilt der Grundsatz: So offensiv wie möglich, so defensiv wie nötig. Manchmal ist es hilfreich, langjährige loyale Partner als externe Helfer mit einem relevanten Netzwerk zu nutzen.

4. Nach der Krise ist vor der Krise. Was können Sie bei der nächsten Krise besser machen? Bleiben Sie wachsam, bewerten Sie schwache Signale aus dem Markt aufmerksam, fragen Sie Ihre Belegschaft und Partner. Lernen Sie aus der Krise für die nächste Krise: Die kommt nämlich bestimmt.

Ein grundlegendes Ziel der Kommunikation ist die Überführung von Ungewissheit in Gewissheit, von Optionen zu konkreten Aktionen. Entscheidungen sind Kommunikationsprozesse der Erwirkung von robusten Gewissheiten und Verbindlichkeiten mit kollektiver Selbstbindungswirkung, so bereits das in Kapitel 6 erwähnte St. Galler Management-Modell.

Wenn keine wirkliche und aktive Kommunikation stattfindet, dann eröffnet das bei Mitarbeitenden Unsicherheit, und jeder in der Organisation bildet sich seine eigene Meinung, die richtig sein kann oder falsch – ja, zu hohen Dissonanzen und wilden Spekulationen führen kann. Fehlinterpretationen sind nicht die Ausnahme, sondern die Regel. Gerüchte nehmen ihren Lauf. Das Unternehmen beginnt, ins Chaos zu laufen.

Viele Führungskräfte neigen dazu, erst Dinge zu kommunizieren, wenn es vorzeigbare Ergebnisse zu präsentieren gibt. Dieses Vorgehen macht Kolleginnen und Kollegen misstrauisch und bringt denjenigen, die an den Projekten mitarbeiten, keine Wertschätzung entgegen. Keine Kommunikation zeigt, dass das Projekt unwichtig ist, dass es nicht die erwarteten Ergebnisse gebracht hat oder dass niemand davon wissen soll oder darf.

10.3 Kommunikationsregeln: Basis des Entscheidungsfindungsprozesses

Der amerikanische Sozialpsychologe und Autor Alvin Zander (1994) hat gezeigt, wie wichtig Kommunikationsregeln für Entscheidungsfindungsprozesse sind. Gemeint sind damit Regeln, die sich die Gruppe selbst gibt, um eine effiziente Entscheidungsfindung zu unterstützen.

1. Problemidentifikation
   - Offene Atmosphäre schaffen, die es erlaubt, Probleme anzusprechen.
   - Wichtigkeit eines Problems diskutieren ohne Äußerung von persönlichen Gefühlen.
   - Zur Beschreibung eines Problems gehört die Erörterung der zur Problemlösung gebrauchten Informationen.

2. Lösungssuche
   - Offene Atmosphäre schaffen, die es erlaubt, auch unkonventionelle Lösungen zu erwägen.
   - Verwendung von Methoden zum Erdenken von Lösungsmöglichkeiten wie zum Beispiel Brainstorming oder Delphi-Methode.
   - Einsatz von formalen Prozessen zum Erdenken und zur Ausarbeitung von Lösungsmöglichkeiten (zum Beispiel Ringi-System, Expertensysteme, Syntegration).
3. Auswahl von Handlungsalternativen
   - Dem Bedürfnis nach Einmütigkeit sollte kein Raum gegeben werden.
   - Unproduktive Entwicklungen wie die kritiklose Übernahme früherer Entscheidungen, die besondere Berücksichtigung spezieller Einzelinteressen oder das Forcieren von Lieblingsideen sollten nicht zugelassen werden.
   - Zwang zur bewussten Kreation von Handlungsalternativen und eine aufrichtige Diskussion darüber.
4. Umsetzung der Entscheidung
   - Die Betroffenen zu Beteiligten machen und in die Entscheidungsfindung einbinden.
   - Entscheidungen müssen immer ein Umsetzungskonzept enthalten.
   - Bei der Entscheidungsfindung muss mit Umsetzungsschwierigkeiten gerechnet werden.

 Wer kommuniziert, geht das Risiko ein, falsch verstanden zu werden. Wer nicht kommuniziert, bleibt gesichtslos, unverständlich, unwirksam und nicht erfolgreich. Wer glaubwürdig kommuniziert, schafft Vertrauen.

10.4 Wirksamkeit durch Storytelling erhöhen

Die Funktionsweise unseres Gehirns liefert die Grundlage für Storytelling. In unserem Kopf sitzt kein Computer mit begrenztem Arbeitsspeicher, der Dateien nach objektiven Kriterien behandelt. Das menschliche Gehirn sortiert nach Bedeutung, Relevanz und Reiz. Neurologisch gesehen heißt Bedeutung nicht viel anderes als die Verknüpfung bestimmter Informationen und Gefühle. Wir erlernen und behalten Informationen viel besser, wenn wir sie mit etwas verbinden, das wir bereits kennen: Sinneseindrücke, Aktivitäten und Emotionen. Je mehr Verbindungen es gibt, desto stabiler und nachhaltiger sind die Verknüpfungen in den neuronalen Netzen des Gehirns.

Eine Geschichte, verknüpft mit emotionalen Bildern und anschaulichen Beispielen, schafft eindrucksvolle Ankerpunkte für Informationen im Gedächtnis. Je relevanter und spannender wir eine Information für uns wahrnehmen, desto besser und länger wird sie auch von unserem Gehirn gespeichert. Das liegt an der Art und Weise, wie das Hirn visuelle und auditive Reize verarbeitet. Wie Studien der Princeton University zeigen (Helfrich 2018), spielen dabei vier Faktoren eine Rolle:

1. *Mirroring:* Gute Geschichten erzeugen Charaktere, in denen wir uns selbst wiedererkennen. Die sogenannten Spiegelneuronen leisten eine Art virtuelle Simulation dessen, was wir von einer Person sehen oder hören, und ermöglichen Empathie, die dafür sorgt, dass eine emotionale Identifikation mit dem Sender der Information leicht möglich ist.

2. *Botenstoffe:* Das Gehirn setzt diverse Neurotransmitter frei, wenn es ein emotional aufgeladenes Erlebnis verarbeitet. Das vereinfacht die Informationsaufnahme, den Erinnerungsprozess in Kontext und Details und schafft Handlungsbereitschaft.

3. *Kortexaktivitäten:* Wer nur reine Fakten verarbeitet, aktiviert dazu lediglich zwei Gehirnbereiche. Erzählungen stimulieren zusätzliche neurologische Regionen. Metaphern, Bewegung, Geruch, Geschmack oder Texturen beschreiben, stimulieren den sensorischen und den motorischen Kortex. Dies verleiht Wörtern einen Sinn, und es hilft, Informationen auf einer tieferen Ebene in Beziehung zu setzen, wodurch die Informationen länger im Gedächtnis haften bleiben.

4. *Neural Coupling:* Die Gehirnaktivität der Zuhörer synchronisiert sich mit der des Erzählers, und das befähigt uns, das Erzählte in unseren Köpfen nachzuerleben.

Storytelling ist die Kunst, Information so zu vermitteln, dass sie sich nachhaltig bei den Empfängern einprägen. Mittels Erzählungen veranschaulichen wir die Realität und sind sehr viel besser in der Lage, Erfahrungen auch an andere Menschen weiterzugeben.

Erfahrungs- und Referenzberichte, Unternehmens-/Marken- und Produktgeschichten, anschauliche Leitmotive und Metaphern oder auch persönliche Geschichten mit einer in den Rahmen der Story angepassten bildlichen Untermalung sind geeignete Werkzeuge des Storytellings.

Menschen, die eher emotional geprägt sind, können Geschichten vielleicht besser erzählen und die gewünschte Botschaft besser übermitteln als eher analytische Menschen. Diese fühlen sich zumeist sehr wohl, wenn sie Daten und Fakten präsentieren können. Doch Storytelling kann erlernt werden.

Beim Storytelling werden Geschichten erzählt, geschrieben oder gesendet, die andere dazu bewegen, Teil der Geschichte zu werden. Geschichten verkaufen sich mindestens doppelt so gut wie Fakten. Die ideale Kombination ist Fakten plus Story.

6 Tipps für erfolgreiches Storytelling

1. *Das Warum der Story verdeutlichen:* Welche Motivation liegt vor, um eine Geschichte zu erzählen? Warum wollen Sie die Geschichte erzählen und mit welchem Ziel?
2. *Die Einzigartigkeit der Story hervorheben:* Wie erzählen Sie eine Geschichte, die sich abhebt von anderen Geschichten? Wer ist der Held (Kunde oder Angestellte)?
3. *Die Relevanz der Story vermitteln:* Welche Themen sind für Ihre Zielgruppe relevant? Welche Besonderheiten oder Gemeinsamkeiten hat Ihr Publikum? Was hat das alles mit der Zielgruppe zu tun? Einbau von persönlichen und emotionalen Erlebnissen.
4. *Handlung entwickeln:* Originalität, Humor, Spannung und Individualität in Text und Bildern zählen.
5. *Kurz, authentisch und stringent:* Weniger ist mehr. Entwickeln Sie Geschichten, die zu Ihnen und Ihrem Unternehmen passen. Achten Sie auf die Stringenz der Botschaft.
6. *Interaktion ermöglichen:* Kunden/Belegschaft in die Story einbauen.
7. *Cross-Medialität der Kommunikationskanäle nutzen,* wenn es Sinn macht. Story teilbar machen. Mehrfachverwertung bringt Effizienz.

11 Die Erfolgsstrategie der Wertschätzung: Mit Weiterbildung und Beteiligung punkten

Die kontinuierliche Weiterbildung der Mitarbeitenden ist für ein Unternehmen, das sich ständig den neuen Erscheinungsformen des Markes anpassen muss, unabdingbar. Weiterbildung untermauert den Anspruch des lebenslangen Lernens. Es ist eine sehr effiziente Weise, in die Zukunft Ihrer Mitarbeiter und Mitarbeiterinnen und damit auch in die Zukunft Ihres Unternehmens zu investieren.

Es wird noch effizienter, wenn Sie Ihrer Belegschaft neben Weiterbildung auch Beteiligungsmöglichkeiten am Erfolg Ihres Unternehmens anbieten können. Investments in Weiterbildungsmaßnahmen rechtfertigen und rentieren sich ja nur, wenn Sie es schaffen, die guten Kolleginnen und Kollegen möglichst lange zu halten. In den meisten Unternehmen ist es gelebte Praxis, Mitarbeitende in spezifischen Bereichen weiterzubilden, die wichtig sind für die zukünftige Entwicklung des Unternehmens. Aber das war es dann auch schon. Das wird auf Dauer zu wenig sein, um gutes Personal langfristig zu halten und weiterzuentwickeln. Dazu braucht es einen sorgsam auf die Bedürfnisse und Wünsche des Arbeitskräfte ausgearbeiteten Weiterbildungsplan, der sich konsequent an den zukünftigen Plänen und Strategien des Unternehmens ausrichten sollte und die Mitarbeiterinteressen einbezieht. Die Angestellten gehen die Extra-Meile für Weiterbildung nämlich nur dann, wenn sie dadurch persönlich wachsen und dann auch für sich selbst eine bessere berufliche Zukunft sehen.

7 Schritte, Weiterbildung einfach und systematisch im Unternehmen zu verankern

Die Akzeptanz und die Wirkung von Weiterbildungsmaßnahmen sind umso größer, je selbstverständlicher und routinierter diese durchgeführt werden. Verknüpft mit einem strukturierten Unternehmensprozess, ist es wichtig, Weiterbildung automatisch, aber sehr individualisiert mitzudenken:

1. Weiterbildung in das Unternehmensleitbild und in die Unternehmensstrategie einbauen.
2. Weiterbildung ist ein fester Bestandteil der strategischen Personalentwicklung und Personalplanung.
3. Systematische Erfassung des zukünftigen Weiterbildungsbedarfs auf der Grundlage einer Analyse über die zukünftig gebrauchten Skills der Mitarbeitenden.
4. Etablierung eines langfristigen Budgets für Weiterbildung, das möglichst nicht unter einem Vorbehalt der Streichung steht.
5. Führungskräfte ermitteln regelmäßig in Gesprächen mit ihren Angestellten den Weiterbildungsplan, der an sich verändernde Bedingungen flexibel angepasst werden kann.
6. Die Belegschaft wird regelmäßig um Feedback zur Qualität der Weiterbildungsmaßnahmen gebeten, auch mit dem Ziel, um jederzeit den Plan mit dem Einverständnis der Mitarbeitenden anpassen zu können.
7. Unternehmensweite Kommunikation der Weiterbildungsmaßnahmen, Implementierung von Award-Programmen bei erfolgreicher Absolvierung durch Arbeitskräfte.

■ 11.1 Aufbau einer Kultur des lebenslangen Lernens

Eine wirkliche Weiterbildungskultur bauen Sie auf, indem Sie die langfristigen Ziele Ihres Unternehmens mit einer breit aufgestellten, aber doch sehr gezielt auf den zukünftigen Bedarf Ihres Unternehmens ausgerichteten und dauerhaften Weiterbildungsinitiative fördern. Dabei sollten Sie darauf achten, dass die Weiterbildungsmaßnahmen eine Mischung aus individueller spezifischer Weiterbildung und generellen Lernaktivitäten sind. Es ist klar, was man unter einer spezifischen fachlichen Weiterbildung versteht. Deswegen will ich etwas näher auf die generellen Weiterbildungsmaßnahmen eingehen. Sie sind wichtig, um die Zukunft des Unternehmens sichern sowie die Wettbewerbsfähigkeit und die Innovationsfähigkeit des Unternehmens zu fördern. Damit sind beispielsweise folgende Schulungsmaßnahmen gemeint, die möglichst für jeden Mitarbeitenden verpflichtend sein sollten:

- Kurse in Technologie und in Programmierung. Damit haben alle zumindest die Möglichkeit zu verstehen, welche entscheidende Rolle in Zukunft die Technologie im eigenen Unternehmen spielen wird. Diese Kurse rüsten die

Belegschaft für den digitalen Wandel, der alle Unternehmen und Branchen betreffen wird.

- Kurse in Kreativitäts- und Innovationsmethoden. Es ist zentral, Mitarbeitenden eine Lernmöglichkeit zu bieten, wie sie ihr Kreativitätspotenzial und ihre Veränderungsbereitschaft stärken und besser für die Zukunft des eigenen Unternehmens einsetzen. Dazu gehören die Neugier und die Freude auf Neues und auf neue Trends, die helfen sollen, die Bedürfnisse der Kunden optimal und innovativ zu befriedigen.
- Kurse für selbstbewusstes, eigenverantwortliches, angstfreies, soziales und nachhaltiges Handeln versetzen das Personal in die Lage, mehr Dinge selbst, eigenverantwortlich und nachhaltig im Sinne des Gesamtunternehmens zu entscheiden, helfen Entscheidungen gemeinschaftlich zu treffen, zu verbessern und zu beschleunigen und machen eine Organisation wesentlich resilienter.
- Kurse in Sachen Lösungskompetenz und für Prozessoptimierung und Projektmanagement, sei es, um intern eine effizientere Organisation zu entwickeln, sei es, um die Beziehung zu den Kunden zu verbessern. Diese Kurse stärken die Kompetenzen bei der Einführung neuer Arbeitsabläufe und ermöglichen, dass komplexe Aufgaben und Projekte besser und kundenorientierter zu bewerkstelligen sind.
- Kurse oder Events für das allgemeine Wohlfühlen und den Ausbau genereller Fähigkeiten mit dem Ziel der Steigerung des Gemeinwohls und des gemeinschaftlichen Zusammenhalts in einem Unternehmen wie zum Beispiel Sport, Sprachkurse, Wissenskurse, Theater, Team-Events jeglicher Art.

Alle Weiterbildungsmaßnahmen – seien es die spezifischen oder auch die generellen – stärken die Marke, das Image und die Attraktivität Ihres Unternehmens. Sie bieten Ihren Mitarbeitenden berufliche Entwicklungsperspektiven und zeigen Karrierepfade auf. Außerdem können Weiterbildungsmaßnahmen Kosten senken, da Sie das Potenzial Ihres bestehenden Personals besser nutzen können und weniger Menschen von außen rekrutieren müssen. Das stärkt die bestehende Belegschaft und animiert zur aktiven und dauerhaften Beteiligung an Weiterbildungsaktivitäten.

Aus meiner langjährigen Praxis weiß ich, dass bei Budgetproblemen als Erstes die Weiterbildungsmaßnahmen auf den Prüfstand gestellt werden und dann auch am leichtesten gestrichen werden. Das ist ein großer Fehler und konterkariert das Ziel der Schaffung einer Kultur des lebenslangen Lernens. Deshalb sollte ein festes und langfristig angelegtes Weiterbildungsbudget in Übereinstimmung von Unternehmensführung und Belegschaft entwickelt und umgesetzt werden. Das unterstreicht den hohen Stellenwert des lebenslangen Lernens im Unternehmen. Wenn ein Unternehmen in wirtschaftlichen Schwierigkeiten steckt, dann sollten zunächst die Positionierung, die Produktpalette, die Organisationsstruktur und die Arbeitsabläufe analysiert werden, bevor Schulungsmaßnahmen gestrichen werden. Das wäre ein gutes und richtiges Signal an die eigenen Mitarbeitenden.

■ 11.2 Vorteile der Mitarbeiterbeteiligung nutzen

Immer mehr Unternehmen beteiligen ihre Beschäftigten am wirtschaftlichen Erfolg. Die Miteigentümerschaft erhöht die emotionale Bindung an das Unternehmen und zu seinen Produkten und Services. Als Miteigentümer fokussieren sich die Mitarbeitenden stärker auf die Ziele des Unternehmens. Sie sind daran interessiert, seine Produkte und Services weiterzuempfehlen. Das wiederum sorgt für eine effiziente Skalierung des Geschäfts, es erhöht auf allen Ebenen die Motivation, die Produkte zu verbessern und sie den Bedürfnissen an die Realitäten des Marktes rasch und konsequent anzupassen.

Mitarbeitende sind Ihr wichtigstes Kapital. Nur mit ihnen können Sie die Ziele Ihres Unternehmens, die Ziele Ihrer Beschäftigten und Ihre eigenen Ziele effizient realisieren. Mit jeder sinnvollen Form der Erfolgsbeteiligung fördern Sie auf nachhaltige Weise den heute immer wichtig werdenden innerbetrieblichen Gemeinschaftssinn und den Dialog zwischen Arbeit und Kapital, sprich: zwischen Unternehmer und Belegschaft.

Darüber hinaus drängt eine neue Generation von Arbeitskräften auf den Markt. Sie haben neue Bedürfnisse und Ansprüche an die Arbeit. Nur über die fixe und damit statische Entlohnung lässt sich diese neue Generation nicht mehr an das Unternehmen binden. Außerdem sind Unternehmen mit Mitarbeiter- oder Erfolgsbeteiligungsmodellen produktiver, zitiert Frank Matthias Drost (2020) die Unternehmensberatung Mercer: „Mitarbeiterbeteiligungsprogramme sind nachweislich eines der wirksamsten Vergütungsinstrumente und zudem eine sinnvolle Möglichkeit zum Aufbau von Kapitalvermögen und -einkünften für Mitarbeiter."

Dazu müssten auch gesetzliche Rahmenbedingungen geändert und eine (Erfolgs-) Beteiligungskultur in den Unternehmen und in der Gesellschaft gefördert werden. Das jedenfalls fordern immer wieder Start-ups, die Mitarbeiterbeteiligung zum grundlegenden Bestandteil ihrer Gehaltsmodelle gemacht haben. Es geht hier nicht nur um die nachhaltige Verbesserung der Altersvorsorge der Arbeitsnehmer durch den Aufbau von Kapitaleinkünften. Es geht insbesondere auch darum, dass Kolleginnen und Kollegen zu Beteiligten gemacht werden, die sich mitverantwortlich fühlen für die Zukunft ihres Unternehmens. Eine echte Beteiligung der Mitarbeitenden am Unternehmenserfolg würde weit mehr Involvement und Engagement zum Vorschein bringen, würde Unternehmensführung und Belegschaft zu einer Interessensgemeinschaft formen, die an der langfristigen Umsetzung der gemeinsam formulierten Ziele, Strategien und Herausforderungen sehr effektiv arbeiten könnte. Unternehmen mit funktionierenden Mitarbeiterbeteiligungs- und Erfolgsmodellen weisen mehr Stabilität auf, sind resistenter gegenüber Rückschlägen und verlieren wesentlich weniger Arbeitskräfte in der Krise. Das legen zahlreiche wissenschaftliche Studien nahe.

Mitarbeiterbeteiligungsmodelle sind heute ein wichtiges Argument für die Gewinnung und Bindung von Spitzenkräften – nicht nur im Technologiebereich. Das dazugehörige Stichwort lautet „War of Talents"\\. Je mehr die Belegschaft unmittelbar von der Digitalisierung betroffen ist, weil mit dem Arbeitsplatz das regelmäßige Einkommen wegfällt, desto wichtiger ist die Verbreiterung des Besitzes am Produktivvermögen oder am wirtschaftlichen Erfolg des Unternehmens.

Laut dem Bundesverband Mitarbeiterbeteiligung (AGP) und der European Federation of Employee Share (EFES) halten in Deutschland derzeit lediglich 780.000 Mitarbeitende (ohne Führungskräfte) Aktien an ihren Unternehmen, – in Großbritannien sind es zwei Millionen und in Frankreich drei Millionen. Es gibt also noch viel Raum für Verbesserung. Es gibt aber auch das eine oder andere Problem der Mitarbeiterbeteiligung, zum Beispiel der zeitliche und administrative Aufwand sowie hohe Kosten bei der Einführung und dem Aufrechterhalten der Modelle, der Umgang mit finanziellen Risiken bei einer Insolvenz (Verlustängste) und das Phänomen der Trittbrettfahrer, bei denen sich Angestellte der beabsichtigten Wirkung der Beteiligung bewusst entziehen, aber dennoch hiervon profitieren. Dafür lassen sich allerdings Regeln finden – sei es vom Gesetzgeber oder von den Unternehmen und/oder den Tarifpartnern. Die Vorteile der Mitarbeiterbeteiligung überwiegen.

11.3 Beteiligungsmodelle und die verschiedenen Ausprägungen

Modelle der Mitarbeiterbeteiligung haben zwar eine lange Tradition, aber die Unternehmen tun sich schwer, hier wirkliche Fortschritte zu erzielen. Schon der frühe Betriebswirtschaftler Professor Heinrich Nicklisch (1876 bis 1946) hatte Ideen, wie man in einer „Betriebsgemeinschaft" den Gegensatz von Arbeit und Kapital überwinden könnte. Damals spielte auch schon der Gedanke der Lohngerechtigkeit eine Rolle.

Heute gibt es zumindest in der Theorie eine nahezu unübersehbare Anzahl von Mitarbeiterbeteiligungsmodellen. Man unterscheidet generell Modelle der Kapitalbeteiligung, bei der die Belegschaft dem Arbeitgeber Finanzmittel zur Verfügung stellen in Form von Eigen- oder Fremdkapital, und Modelle der Mitarbeiterbeteiligung, bei denen Angestellte zusätzlich zum Gehalt eine erfolgsabhängige Sonderzahlung erhalten.

Kapitalbeteiligungsmodelle nach Markus Sendel-Müller (2019):

- Eigenkapital (Belegschaftsaktien, GmbH-Anteile)
- Fremdkapital (Mitarbeiterdarlehen, Mitarbeiterguthaben)
- Mischformen zwischen Eigen- und Fremdkapital (Stille Beteiligung, Genussscheine)

Man unterscheidet folgende Varianten der Kapitalbeteiligung:

- Belegschaftsaktien: In Deutschland volumenmäßig das bedeutendste Modell der Mitarbeiterkapitalbeteiligungen. Es ist beschränkt auf Aktiengesellschaften: Angestellten wird vom Unternehmen Aktien zum Kauf angeboten, damit werden sie zu Anteilseignern mit allen Rechten und Pflichten.
- Genussscheine: Mit der Ausgabe von Genussrechten überlassen die Mitarbeitenden dem Unternehmen Geld. Im Gegensatz zum Aktionär sind sie keine Gesellschafter. Bei den Genussscheinen handelt es sich um Gläubigerrechte, die mit einem Gewinnanspruch gekoppelt sind, aber keine Mitwirkungsrechte gewährleisten. Verzinsung, Laufzeit, Kündigung und Verlustbeteiligung, Mitsprache- und Kontrollrechte sind weitgehend frei verhandelbar. Genussrechte lohnen sich insbesondere für kleine und mittlere Unternehmen, die bei der Bank Schwierigkeiten haben, einen Kredit zu vernünftigen Konditionen zu bekommen.
- Aktienoptionen: ein Sonderfall einer Mitarbeiterkapitalbeteiligung. Mitarbeitende erhalten das Recht, zu einem bestimmten Zeitpunkt oder inner-

halb eines bestimmten Zeitraums Aktien zu einem vorher festgelegten Preis zu erwerben.

- Stille Beteiligung: Das ist eine unternehmerische Gewinngemeinschaft, bei der eine Gewinnbeteiligung zwar gesetzlich zwingend vorgeschrieben ist, aber die Verlustbeteiligung kann ausgeschlossen werden. Der Stille Gesellschafter hat keine Mitspracherechte.
- Employee Stock Ownership (ESOP): Angestellte bekommen Eigentumsrechte an Aktien oder GmbH-Anteilen. Sie partizipieren am virtuellen Wertzuwachs des Unternehmens oder bekommen einen gewissen Prozentsatz bei den zukünftigen Exit-Erlösen (häufig bei Start-ups). Diese Form der Mitarbeiterbeteiligung wird sehr stark in den USA praktiziert. In Deutschland wirft sie komplexe rechtliche und steuerrechtliche Fragen auf.
- GmbH-Anteile: Angehörige der Belegschaft werden Vollgesellschafter einer GmbH und erhalten volle Gesellschaftsrechte und -pflichten. Da das GmbH-Gesetz die wesentlichen Punkte der Beteiligung gesetzlich vorschreibt, ist das eine sehr eingrenzende Form der Mitarbeiterbeteiligung.
- Mitarbeiterbeteiligungsgesellschaft: Es handelt sich hier um eine indirekte Beteiligung der Mitarbeiter. Die Mitarbeitergesellschaft wird zwischen die operative GmbH und Mitarbeitende geschaltet. Das beschränkt zwar die Mitspracherechte der Mitarbeitenden, vereinfacht aber den Verwaltungsaufwand. Angestellte können sich beispielsweise im Rahmen einer stillen Beteiligung engagieren.
- Mitarbeiterstiftung: Ausgangspunkt ist hier der Verzicht der Mitarbeitenden auf künftige Gehaltsbestandteile unter der gleichzeitigen Gewissheit, dass sie dafür in jedem Fall kompensiert werden. Das Privatvermögen der Mitarbeitenden ist geschützt. Mitarbeitende versteuern ohne Risiko nur die Beträge, die sie von der Mitarbeiterstiftung ausbezahlt bekommen.
- Mitarbeiterguthaben: Das Unternehmen zahlt dem Personal eine Erfolgsbeteiligung auf ein firmeneigenes Guthabenkonto der Mitarbeitenden ein. Das Geld bleibt für eine bestimmte Zeit im Unternehmen. Die Einlagen werden in dieser Zeit fest verzinst und sind bei Auszahlung frei von Steuern und Sozialabgaben.
- Mitarbeiterdarlehen: Das Unternehmen nimmt mittels Darlehensverträge Kapital bei den Mitarbeitenden auf und gewährt diesen eine feste Verzinsung. Am Ende der Laufzeit wird das Kapital zurückbezahlt. Das Darlehen muss durch eine Bankbürgschaft oder Versicherung gegen das Insolvenzrisiko abgesichert werden.

Direkte Mitarbeiterbeteiligungsmodelle verursachen einen großen Aufwand, und zwar sowohl auf der Seite der Unternehmen als auch auf der Seite der Belegschaft. Darüber hinaus ist das Insolvenzrisiko des Unternehmens für die Mitarbeitenden erheblich. Des Weiteren verlangt die direkte Mitarbeiterbeteiligung eine deutliche Anpassung der Unternehmenskultur. Zum Beispiel muss die betriebliche Mitbestimmung konsequent gelebt werden. Die Rechtsform des Unternehmens spielt ebenfalls eine zentrale Rolle, inwieweit die Durchführung einer direkten Mitarbeiterbeteiligung einfacher oder komplizierter ist. Eine Aktiengesellschaft oder ein Start-up tun sich per se wesentlich leichter bei der Ausgabe von Vorzugsaktien oder Anteilsoptionen als eine Kommanditgesellschaft oder eine GmbH. Echte Gewinnbeteiligungen über stille Gesellschaften oder Mitarbeiterbeteiligungsgesellschaften sind deshalb eher der Managementebene vorbehalten.

Die Implementierung von Mitarbeiterbeteiligungen ist aufgrund der deutschen Gesetzeslage komplex. Das ist der Grund, warum viele mittelständische Unternehmen davon Abstand nehmen. Es lohnt sich trotzdem, sich mit diesem Thema näher zu befassen, allerdings ist das Hinzuziehen von Experten empfehlenswert.

> Mitarbeitererfolgsbeteiligungs-Modelle (Anteil am Unternehmenserfolg durch ergänzende Vereinbarung zum Vertrag) orientieren sich zum Beispiel an:
> - Umsatz-, Gewinn und Ertrag
> - Leistungskriterien (individuell oder gruppenbezogen)
> - Marktanteile
> - Anzahl der Neukunden
> - Kostenersparnis oder Produktivitätsbeteiligung
> - Virtuelle Beteiligungssysteme (zum Beispiel Stock Options)
> - Betriebliches Vorschlagswesen

Die häufigste Form der Mitarbeiterbeteiligung am Unternehmenserfolg sind derzeit Erfolgsbeteiligungs-Modelle wie Prämienzahlungen, Provisionen oder Zielvereinbarungen. Diese Modelle sind derzeit erst bei etwa zehn Prozent der Unternehmen eingeführt – sieht man einmal von den Provisionen für Vertriebsmitarbeiter ab – und sind insbesondere dank der unkomplizierten Einführung gut realisierbar. Schauen Sie sich diese Modelle genau an und lernen Sie von Unternehmen, die diese Art von Systemen bereits eingeführt haben.

Bei der Mitarbeiterbeteiligung werden auch Fehler gemacht. So werden Angestellte oft an zu operationalen, zu individuellen, an widersprüchlichen, zu kurzfristigen oder zu schlecht oder zu spät kommunizierten Zielen bemessen, die zudem einseitig top-down festgesetzt wurden. Diese eher an kurzfristigen Zielen ausgerichteten Mitarbeitererfolgsbeteiligungen, die dazu häufig lediglich auf die spezifischen Ziele der Individuen oder Abteilungen abzielen, können für die Unternehmen eher schädliche Effekte haben, da nicht sicher ist, dass das Unternehmen seine übergeordneten Ziele langfristig erreichen wird.

Auch unterschiedliche Zielvereinbarungen in einem Unternehmen oder gar in einer Abteilung können sich als höchst ungünstig auswirken und Spannungen, Interessens- oder Zielkonflikte hervorrufen. Denselben Effekt kann man sehen, wenn die Ziele zu granular auf der Ebene der einzelnen Abteilungen formuliert und ohne detaillierte Abstimmung mit den übergeordneten Zielen des Unternehmens vereinbart werden. Das heißt nicht, dass Zielvereinbarungen und Boni generell nutzlos sind, aber manches gilt es hier besonders zu beachten.

Was Sie bei Zielvereinbarungen und Boni beachten sollten

1. Es muss ein abgestimmtes, nachvollziehbares und ganzheitliches Zielvereinbarungskonzept vorliegen, aus dem klar hervorgeht, welche Ziele das Unternehmen verfolgen will, an welchen messbaren Kennziffern die Zielerreichung gemessen wird und wie das Zielvereinbarungsmodell konkret angelegt ist. Es müssen relevante Ziele sein, die einen erheblichen Einfluss auf den Unternehmenserfolg oder die Wertschöpfung haben. Es sollte klar und offen kommuniziert werden, wer zum Empfängerkreis der Zielvereinbarungen gehört.
2. Mitarbeitende müssen, gegebenenfalls über den Betriebsrat, in das Konzept eingebunden werden. Schließlich sind sie es, die für das Erreichen der Ziele verantwortlich sind. Zudem sollten Sie ein hohes emotionales *Buy in* zu den vereinbarten Zielen von den Mitarbeitenden anstreben. Je stärker die Belegschaft Ziele mitgestalten und mitdefinieren kann, desto glaubwürdiger und anspornender ist der Prozess.
3. Es muss eine Abwägung getroffen werden zwischen den übergeordneten Zielen des Unternehmens und denen der einzelnen Abteilungen oder gar von Individuen. Die übergeordneten Ziele sollten sehr viel stärker in den Zielvereinbarungsprozess einfließen als Individualziele. Denn diese sind zwar von den Mitarbeitenden leichter zu beeinflussen und zu erreichen, lassen sich aber nur schwierig in den Gesamtstrategie- und -zielrahmen eines Unternehmens einpassen. Außerdem ist es zentral, das Engagement der gesamten Belegschaft zu nutzen, den Fokus auf die wichtigsten Ziele des Unternehmens zu richten und alles zu tun, damit diese Ziele dann auch erreicht werden.

4. Ziele und Vereinbarung müssen so einfach und verständlich wie möglich formuliert und kommuniziert werden. Die Berechnungslogik muss offengelegt werden, der Teilnehmerkreis muss festgelegt und transparent kommuniziert werden und der Prozess am besten technologisch unterstützt sein. Die Durchführung eines erfolgreichen Mitarbeitererfolgsmodells braucht Zeit und höchste Management-Attention, wenn das Verfahren nachhaltige Ergebnisse hervorbringen will. Die Erreichung von Zielen ist ein Prozess und muss ständig beobachtet und gesteuert werden. Achten Sie dabei auf eine fortlaufende stringente und nachvollziehbare Kommunikation. Bei Intransparenz, fehlender Kommunikation und fehlendem Feedback über den Zielerreichungsgrad hat die Belegschaft keine Chance, die vereinbarten Ziele zu erreichen (Sendel-Müller 2010).

11.4 Nachhaltigkeits-Bonus-System einführen

Wenn Sie über den Aufbau oder Ausbau eines Bonus-Systems nachdenken, sollten Sie auf alle Fälle an das Thema Nachhaltigkeit, Umweltschutz und/oder soziale Verantwortung denken. Immer mehr Unternehmen werden diese Komponenten in ihr Anreizsystem einbauen, um die Position des Unternehmens nach innen und nach außen zu verbessern. Mitarbeitende werden somit auf dieses Zukunftsthema fokussiert, das bei den Kunden ein immer wichtigerer Differenzierungsgrund von Kaufentscheidungen werden wird, und die Beiträge der Arbeitskräfte auf diesem Gebiet können so wesentlich stärker in den Vordergrund treten. Auf diese Weise kann auch gut verfolgt werden, ob die Belegschaft im Einklang mit den ökologischen Zielen des Unternehmens handelt.

Folgende nachhaltige Kriterien können beispielsweise über die Boni-Gewährung entscheiden:
- Energieverbrauch (Strom, Wasser, Autoflotte), absolut und pro Produkt
- Reduktion von Lärm
- Einleitung schädliche Stoffe in Boden, Gewässer und Luft
- Absenkung der Treibhausgasemissionen und im Besonderen CO_2-Reduktion des Unternehmens und CO_2-Reduktion in der Lieferkette
- Einhaltung von Umwelt- und Sozialstandards entlang der gesamten Lieferkette

- Materialverbrauch absolut und pro Produkt, Verwendung von recycelten Materialien, Verlängerung der Haltbarkeit von Produkten
- Reduzierung von Verpackungsmaterial und Abfallmengen im Allgemeinen
- Umfrageergebnisse Kundenzufriedenheit
- Ideenmanagement und Innovationsfähigkeit
- Geleistete Lernstunden beziehungsweise Weiterbildungsmaßnahmen
- Vielfalt- und Inklusionsaktivitäten in der Belegschaft
- Mitarbeiterbeschwerden und die konsequente Nachverfolgung
- Arbeits- und Sozialstandards bei Zulieferern
- Datenschutz und Sicherheit der Geräte
- Ehrenamtliche Tätigkeiten

Wichtig sind dabei zwei Dinge: Der prozentuale Anteil dieser Kriterien sollten bei der Gesamtbonusvergabe keinen allzu kleinen Teil einnehmen, denn dann läuft das Unternehmen Gefahr, des Greenwashings bezichtigt zu werden. Und die Ziele müssen – wie bei allen Bonusbestandteilen – klar messbar sein und transparent verfolgt und konsequent kommuniziert werden.

12 Die Erfolgsstrategie der Unterschiedlichkeit: Diversität und Inklusion als Chance begreifen

„Niemand darf wegen seines Geschlechtes, seiner Abstammung, seiner Rasse, seiner Sprache, seiner Heimat und Herkunft, seines Glaubens, seiner religiösen oder politischen Anschauungen benachteiligt oder bevorzugt werden. Niemand darf wegen seiner Behinderung benachteiligt werden", so lautet Artikel 3, Absatz 3 des Grundgesetzes der Bundesrepublik Deutschland. Laut Angela Merkel bezieht Deutschland „einen großen Teil seiner Leistungsfähigkeit aus der Vielfalt. Wir müssen sie als Chance begreifen, um ihre Potenziale zu nutzen." (Vorwort der Charta der Vielfalt, 2016).

Ausgangspunkt jeder Form betrieblicher Diversity- und Inklusionsaktivitäten ist die Frage, wie Ihr Unternehmen in Bezug auf die in Artikel 3 des Grundgesetzes erwähnten Schlüsselfaktoren (Geschlecht, ethnische Herkunft, sexuelle Orientierung, Behinderung und Religionszugehörigkeit) aufgestellt ist. Der erste Schritt besteht also in der Durchführung eines sorgfältigen und transparenten Diversitäts- und Inklusions-Audits (D&I-Audit). Grundlage dafür ist meist eine von der Unternehmensführung initiierte Mitarbeiterbefragung. Parallel dazu ist es sinnvoll, offiziell eine Person zu benennen, die den Bereich „Diversity/Inklusion" managt, die zuerst zu diesem Thema im Unternehmen angesprochen werden kann und Neutralität garantiert, alle D&I-Aktivitäten koordiniert, Mitarbeiterinitiativen aus diesem Bereich unter die Lupe nimmt und für eine gute Kommunikation und Transparenz dieses Prozesses sorgt.

Bild 12.1 zeigt im Überblick, welche Dimensionen der Begriff Diversität umfasst.

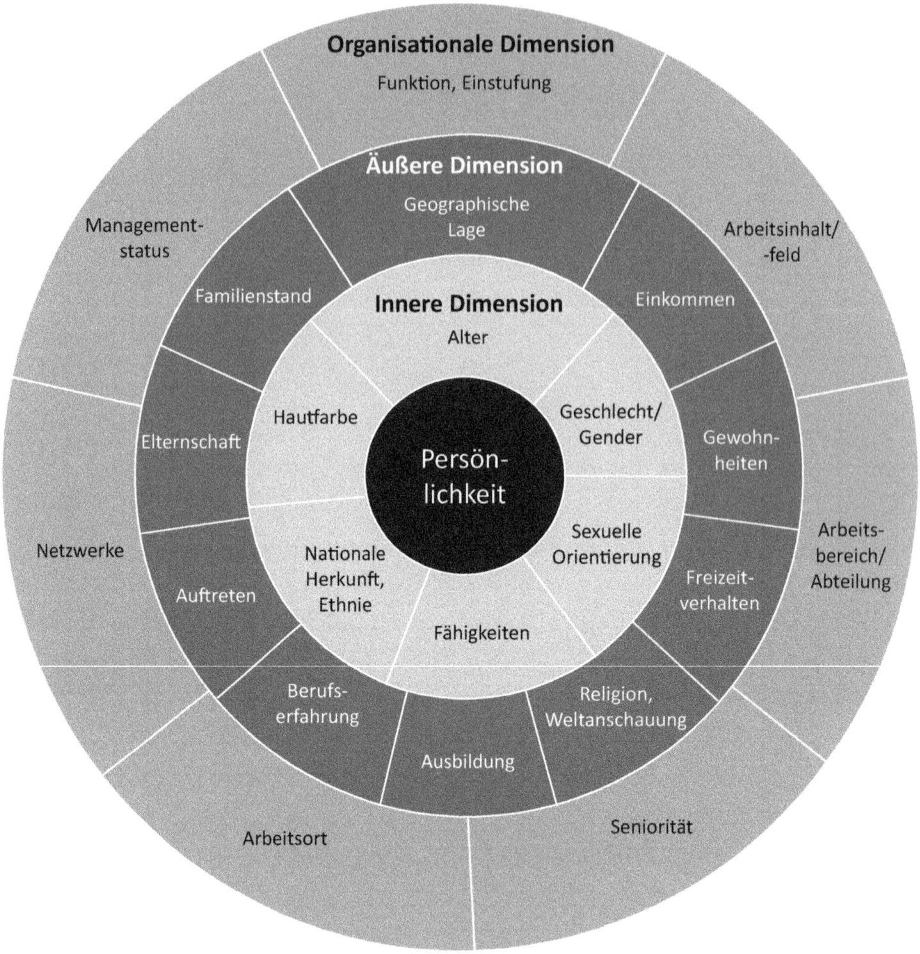

Bild 12.1 Die vier Dimensionen von Diversity (Gardenswartz, Rowe 2002)

Viele Menschen neigen dazu, die Welt durch die Linse ihrer eigenen Identität zu sehen. Diese Linse ist geprägt von unbewussten Vorurteilen – sogenannte *Unconscious Biases*. Sie haben eine enorme Wirkung im beruflichen Alltag, verbreiten und verstärken sich immer weiter im Unternehmen, wenn der Bias einmal im Denken der Belegschaft verankert ist, und sie gelten als eine der großen Herausforderungen für D&I-Strategien.

 Schaffen Sie in Ihrem Unternehmen eine verlässliche Basis und einen Rahmen für das Zulassen von unterschiedlichem Denken und Handlungsweisen.

Das gibt Ihnen und Ihrem Unternehmen die Möglichkeit, die eigene Position immer wieder zu überdenken, zu verändern und weiterzuentwickeln. Nicht nur deshalb, aber auch deswegen sollten Diversität und Inklusion eine sehr hohe Bedeutung haben. Beides wird die Kultur Ihres Unternehmens nachhaltig und positiv prägen.

- Diversität, englisch Diversity, bedeutet Vielfalt und Vielfältigkeit. Synonym zu Diversity werden oft Begriffe wie Heterogenität, Unterschiedlichkeit, Mannigfaltigkeit oder Differenz verwendet. Der Begriff Diversity fokussiert sich auf die Gemeinsamkeiten und Unterschiede zwischen Menschen und kann in die oben beschriebenen Dimensionen unterteilt werden. Diversity zu leben bedeutet, auf authentische Weise die Unterschiede zu sehen und lernen, diese Unterschiede als Vorteile zu nutzen.
- Inklusion, englisch Inclusion, bedeutet, dass sich jeder Mensch in der diversen Zusammensetzung involviert fühlt, geschätzt, respektiert, fair behandelt wird und eingebettet ist in eine positive Unternehmenskultur. Inklusion bedeutet, die Wertschätzung der individuellen Unterschiede und Vielfalt zu leben, zu fördern und wertzuschätzen. Ziel von Inklusion ist es, den Kolleginnen und Kollegen unabhängig vom individuellen Hintergrund dieselben Möglichkeiten zu bieten.

Seitdem vier deutsche Großunternehmen im Jahr 2006 die Charta der Vielfalt ins Leben gerufen haben, wird das Thema D&I in Deutschland immer wichtiger. Mehr als 2700 Unternehmen und Institutionen haben sich bis heute dieser Entwicklung angeschlossen. In der Charta der Vielfalt heißt es: „Wir können wirtschaftlich nur erfolgreich sein, wenn wir vorhandene Vielfalt erkennen und nutzen. Das betrifft die Vielfalt in der Belegschaft von Unternehmen und die vielfältigen Bedürfnisse der Kunden sowie die Geschäftspartner. Die Vielfalt der Mitarbeitenden mit ihren unterschiedlichen Fähigkeiten und Talenten eröffnet Chancen für innovative und kreative Lösungen." Und weiter kann man lesen: „Die Umsetzung der Charta für Vielfalt in den Unternehmen hat zum Ziel, ein Arbeitsumfeld zu schaffen, das frei von Vorurteilen ist. Alle MitarbeiterInnen sollen Wertschätzung erfahren – unabhängig von Geschlecht, Nationalität, ethnischer Herkunft, Religion oder Weltanschauung, Behinderung, Alter, sexueller Orientierung und Identität. Die Anerkennung und Förderung dieser vielfältigen Potenziale schaffen wirtschaftliche Vorteile für die Unternehmen. Wir schaffen ein Klima der Akzeptanz und des gegenseitigen Vertrauens. Dieses hat positive Auswirkungen auf das Ansehen des Unternehmens bei Geschäftspartnern und VerbraucherInnen."

Ein Zitat von Verna Myers (vernamyers.com), Diversity-Aktivistin und Unternehmerin aus den USA, verdeutlicht das Verhältnis von Diversity und Inclusion: „Diversity bedeutet, auf eine Party eingeladen zu sein. Inklusion heißt, zum Tanzen gebeten zu werden".

12.1 Konkrete Schritte für ein diverses und inklusives Umfeld

Was heißt das nun neben der Installation einer oder eines D&I-Beauftragten konkret für Sie, und was müssen Sie tun, um dieses Thema nachhaltig in Ihrem Unternehmen voranzutreiben?

1. Unterschiedliche Perspektiven anerkennen. Sehr oft finden die Perspektiven und Meinungen überrepräsentierter Gruppen recht gut Berücksichtigung, während jene von Minderheitsgruppen kaum wahrgenommen werden. Organisationen neigen dazu, Personen oder Gruppen mit Minderheitsmerkmalen auszuschließen. Das ist insbesondere dann problematisch, wenn dies unbewusst und unreflektiert geschieht. Inklusion bedeutet zum Beispiel zu akzeptieren, dass alle Mitarbeitenden wertvoll und hörenswert sind, und zwar hierarchieübergreifend. Lynn M. Shore (2011) beschreibt Inklusion anhand zweier Dimensionen: „Zugehörigkeit" und „Wertschätzung der Einzigartigkeit".
2. D&I-Situationsanalyse, SWOT-Analyse: Wertvorstellungen, Stereotype und Vorurteile einer Organisation beziehungsweise deren Personal identifizieren und auf den Prüfstand stellen. Kritische Reflexion des Selbstverständnisses der Organisation zulassen und fördern. Hier muss die oberste Unternehmensführung vorleben und ihrer besonderen Verantwortung nachkommen. Es empfiehlt sich, aktiv Mitarbeitende und Mitarbeiternetzwerke an diesem Prozess zu beteiligen (Frauen, People of Color, Menschen mit Behinderung und so weiter).
3. Formulierung eines D&I-Leitbildes und einer D&I-Kultur, in der alle Mitglieder ihre persönlichen Eigenschaften, Fähigkeiten und Potenziale frei entwickeln und entfalten können, ohne nachhaltig störend durch Stereotype, geschlechterspezifische Rollenerwartung oder sonstige Zuschreibungen eingeschränkt zu werden. Vielfalt ist die Alltagsnormalität und nicht eine Besonderheit oder Ausnahme. Definition von D&I-Zielen und -Prioritäten: Wie schließen Sie das Gap? Was fehlt zwischen jetzt und der Zukunft?
4. Definition von selbstverpflichtenden Zielquoten beim Anteil von Auszubildenden und Führungskräften. Dabei sollte stets der Leitgedanke „Qualifikation vor Merkmal" gelten, um Stereotype wie „Quotenfrau" oder „Quotenmigrant" zu vermeiden.

5. Reflexion der Führungsgrundsätze. Für eine gute D&I-Kultur sind Führungskräfte mit einem Selbstverständnis als Coach und Enabler – und eben nicht die „unersetzlichen" Macher, ohne die ihrer Meinung nach „nichts läuft" – gefragt.
6. Überprüfung der Rekrutierungsprozesse, Leistungsbeurteilungs- und Beförderungssysteme sowie der Entlohnung.
7. Alle relevanten D&I-Aspekte in einen konkreten Plan gießen in enger Abstimmung mit Mitarbeiterinnen und Mitarbeitern. Das Führungsteam muss sich sehr aktiv in die Prozesse einbringen, für Transparenz und Offenheit sorgen und empathisch andere Führungskräfte sowie alle Mitarbeitende in die Pflicht nehmen. Es empfiehlt sich, Null-Toleranz-Richtlinien gegen jegliches diskriminierende Verhalten wie Hass, Belästigung, Mobbing und Mikroaggressionen aufzusetzen.
8. Umsetzung der Aktivitäten, Beobachten der Ergebnisse sowie die Schaffung neutraler Ansprechpartner für Mitarbeitende durch ein unternehmensübergreifendes und interdisziplinäres D&I-Team. Definition von KPIs inklusive stetiger Bewertung und Monitoring der Feedbacks und Fortschritte durch das D&I-Team und der Führung.
9. Arbeitsgestaltung und Arbeitsorganisation: Hier spielt die Work-Life-Balance eine große Rolle. Folgende Maßnahmen sollten in Betracht gezogen werden: flexible Arbeitszeit, Teilzeit, Arbeitszeitkonten, Arbeitsplatzteilung, Homeoffice, Gesundheits- und Sportangebote.
10. Spezifische Weiterbildungsmaßnahmen: D&I-Workshops und Trainings, Mentoring-Programme, zielgerichtete Weiterbildungsangebote wie Sprachkurse für Menschen mit unterschiedlicher ethnischer Herkunft, Führungskräfteschulungen, Angebote für ältere Kolleginnen und Kollegen sowie für Menschen mit Einschränkung.
11. Initiierung eines Mitarbeiternetzwerks, D&I-Forum oder eines D&I-Rates: Bringen Sie Menschen mit vergleichbaren Affinitätsindikatoren zusammen; fordern Sie die Belegschaft auf, sich in D&I-Foren angstfrei und über alle Hierarchien hinweg auszutauschen; installieren Sie einen spezifischen Rat, der dieses Thema laufend einer strategischen Überprüfung unterzieht.
12. Konsequenter Kampf gegen Vorurteile: Bringen Sie gezielt Menschen zusammen, die konträr denken und anders empfinden, fordern Sie Mitarbeiterinnen und Mitarbeiter auf, ihre Social Media-Kanäle bewusst zu diversifizieren und Accounts zu abonnieren, welche neue Perspektiven eröffnen und beleuchten.

Viele Fragen tun sich bei der Erfolgsmessung von D&I-Maßnahmen auf. Antworten geben kontinuierliche Befragungen der Belegschaft mit dem Ziel, die Wirksamkeit von D&I-Maßnahmen zu messen und Verbesserungen vorzunehmen. Das D&I-Team im Unternehmen sollte ständig ein Ohr für die Mitarbeitenden haben und permanent in der Lage sein, Erkenntnisse zu sammeln und in das D&I-Management einfließen zu lassen. Alle Mitarbeitenden sollten jederzeit die Möglichkeit haben, ihre Erkenntnisse und Beobachtungen auf diesem sensiblen Gebiet ohne persönliche Auswirkungen an das D&I-Team weiterzugeben.

Vergleichen Sie die KPI vor und nach einer getroffenen Maßnahme. Key-Performance-Indikatoren im Bereich Diversity sind relativ leicht zu generieren: Eine exakte und permanente Analyse der Belegschaft nach Geschlecht, Herkunft und anderem ist ein erster Schritt und macht Entwicklungen transparent. Sinnvoll sind Analysen der Fluktuation von Arbeitskräften, der Rückkehrerraten nach Elternzeit, der Entwicklung von Fehlzeiten, Verlauf und Ergebnis von Exit-Gesprächen, Beförderungsraten oder auch Zielzahlen im Recruiting. Sie sollten sich anschauen, ob es in einzelnen Gruppen Muster gibt, die darauf hinweisen, dass diese Teams weniger divers aufgestellt sind als andere. KPI im Bereich Inklusion liefern beispielsweise Vergleiche von Gehältern und Gehaltsnebenleistungen. So decken Sie Ungerechtigkeiten auf.

■ 12.2 Nutzen und Vorteile einer D&I-Kultur

- Stärkung des wirtschaftlichen Erfolgs und der Wettbewerbsfähigkeit. Größeres Verständnis für internationale und interkulturelle Zusammenarbeit. Wissens- und Erfahrungsgewinn durch globale Markt- und Kundenanforderungen. Schnellerer Zugang zu neuen Märkten und neuen Kundensegmenten.
- Vorteile bei der Personalgewinnung: Verbessertes Employer Branding, erhöhte Attraktivität des Unternehmens für nationale und internationale Talente und spezifische Experten und Expertinnen, sinkende Mitarbeiterfluktuation. Diverse Teams erhöhen die Gruppenintelligenz und produzieren kreativere Ergebnisse als homogene Teams. Personalressourcen können besser genutzt werden.
- Gute Voraussetzung für Mitarbeiterzufriedenheit und interne Reputation. Insbesondere die Generation der Millennials und die Generation danach fordern ein Arbeitsumfeld mit diversen Facetten von Vielfalt. Das Gefühl eines inklusiven Arbeitsumfelds erklärt große Anteile der Problemlösungsfähigkeiten von Teams, die emotionale Involviertheit in der Arbeit und die Vision des Unternehmens, die Absicht, langfristig in der Organisation tätig zu sein und die Fähigkeit, innovativ zu arbeiten. Wie heißt es bei PricewaterhouseCoopers (PwC): „Diversity is good for growth." Voraussetzung

für Kundenzufriedenheit: Schnelleres und kreativeres Reagieren auf veränderte Kundenwünsche. Schließlich müssen Unternehmen die diverse Realität und die unterschiedlichen Bedürfnisse der Kunden und der Partner abbilden.
- Erhöhung der Innovationsfähigkeit: Einbringung von verschiedenen Perspektiven bei der Produktentwicklung, unterschiedliche Herangehensweise an Problemlösungen, systematische Verbesserungsaktivitäten, Verringerung der Betriebsblindheit.
- Bessere Krisenbewältigung: Divers besetzte Teams vereinen Potenziale und Perspektiven, die wichtig sind für das erfolgreiche Bestehen einer Krise.
- Steigerung der Mitarbeitermotivation durch Erhöhung der Identifikation mit der Arbeit und dem Unternehmen, durch mehr Vielfalt, mehr Diskussionen, mehr Abdeckung unterschiedlicher Richtungen. Offenheit und Lernfähigkeit führen zu breiterem Wissen. Das vereinfacht den Umgang mit Komplexität. Laut einer aktuellen Untersuchung des Jobportals Stepstone stärken heterogen besetzte Chefetagen die Mitarbeitermotivation und treffen auch in komplexen Situationen besser den richtigen Ton.
- Zustandekommen von besseren Entscheidungen. Das zeigt eine Untersuchung von Cloverpop, einer „Online Decision-making Platform", die 600 Business-Entscheidungen analysierte.
- Hebel für bessere Unternehmensergebnisse. Die Unternehmensberatung McKinsey, die fortlaufend rund 400 Aktiengesellschaften in Industriestaaten untersucht, liefert dafür zahlreiche Beweise in ihrer regelmäßig aktualisierten Studie „Diversity Matters" (2019). So fanden die Berater in der Studie 2015 heraus, dass Unternehmen für jeden um zehn Prozent verbesserten Diversity-Wert 3,5 Prozent mehr EBIT erzielten als der Durchschnitt der Unternehmen. Unternehmen, die im obersten Viertel der Geschlechter-Diversity im Führungsbereich auftraten, wiesen eine um durchschnittlich 25 Prozent höhere Profitabilität aus als solche Unternehmen, die sich in dieser Kategorie im untersten Viertel aufhielten. Der Wert ist mit den Jahren gestiegen: 2017 lag er bei 21 Prozent und 2015 bei 15 Prozent. Noch stärker stieg die Profitabilität in der Kategorie ethnische und kulturelle Diversity.

Laut der Diversity-Umfrage 2020 der Arbeitgeberinitiative Charta der Vielfalt, in der 510 Führungskräfte und das Personalmanagement zum Thema Diversity Management befragt wurden, steckt etwa ein Drittel der deutschen Unternehmen auf diesem Feld in konkreten Umsetzungsmaßnahmen. Weitere zwölf

Prozent planen Diversity-Aktivitäten. Die häufigsten Maßnahmen zielen auf die Flexibilisierung der Arbeitszeit in persönlichen Ausnahmesituationen, die generelle Flexibilisierung von Arbeitszeiten und die Berücksichtigung der Vielfaltskriterien bei der Personalauswahl. In Deutschland sind Frauen die wichtigste Zielgruppe des Diversity Managements.

Ein weiteres Ergebnis der McKinsey-Langzeitstudie ist der Zusammenhang von Diversity und mobilem Arbeiten: Wer das eine fördert, forciert gleichzeitig das andere. Als problematisch erweist sich hingegen der Umgang mit der sozialen Herkunft, der sexuellen Orientierung und der Religion. Das sind tabuisierte Themen, die bei der Führung wie bei der Belegschaft Verunsicherungen und Ängste hervorrufen. Sie haben oft Ausgrenzung durch Nicht-Kommunikation, verdeckte Benachteiligungen oder Geringschätzigkeit von Leistung für die Beteiligten zur Folge. Es lohnt sich, speziell bei diesen für alle herausfordernden Themen als Führungskraft offen und transparent zu sein, die Betroffenen einzubinden, sich auf breiter Ebene im Unternehmen auszutauschen und Maßnahmen zu diskutieren und einzuführen, die konkrete Hilfestellungen geben. Viele Unternehmen sehen eine klare Verbindung zwischen D&I und Zukunftstrends wie Globalisierung, demographischer Wandel und Fachkräftesicherung.

 Laut einer Studie des Jobportals Stepstone, für die in Zusammenarbeit mit dem Handelsblatt im Juni 2020 11 000 Menschen repräsentativ befragt wurden, gaben 77 Prozent der Befragten an, sich eher bei einem Unternehmen zu bewerben, das die Vielfalt schätzt und real lebt. 78 Prozent sagen, dass sie gerne in einem diversen Umfeld arbeiten möchten.

Es gibt also noch Aufholpotenzial. In 60 Prozent der Unternehmen spielt das Thema Diversity Management noch keine wirkliche Rolle. Nur in etwa jedem dritten Unternehmen ist die Chancengleichheit bei Einstellungen gegeben. Das Ergebnis dürfte im Mittelstand noch etwas schlechter ausfallen.

12.3 Beispiel für Diversity: Warum Frauen die besseren Führungskräfte sind

Beim Thema Frauen in Führungspositionen schaut es in Deutschland und in den meisten Industrienationen eher mau aus. Das wird sich im nächsten Jahrzehnt ändern. Vorteile für Frauen werden durch neue Arbeitsformen entstehen, die sich aus der voranschreitenden Automatisierung vieler Arbeitsprozesse auch im Management ergeben werden. Die Arbeit wird wesentlich flexibler und anders organisiert. Immer häufiger werden hochqualifizierte Teams an Projekten arbeiten, die sich organisatorisch nahtlos und technologisch gestützt in den normalen Arbeitsprozess einbinden lassen.

Gerade in unsicheren Zeiten bedarf es Führungskräfte, die ihre Unternehmen mit Kompetenz, Kooperationswillen und -fähigkeit sowie Sensibilität für Mitarbeitende und Kunden in eine einigermaßen verlässliche Zukunft führen. Die Kompetenz der Frauen lässt sich mit drei Argumenten gut erklären. Zum einen liegen die Hochschulabschlussquoten der Frauen in den großen Industrienationen weit oberhalb jener der Männer. Zum anderen sind ihre Abschlüsse besser. Zum Dritten müssen sich Frauen gegen sehr viel mehr Widerstände behaupten, als es den Männern normalerweise abverlangt wird. Das zeigt eine schwedische Studie von 2019, bei der 5500 Führungskräfte der Chefgewerkschaft „Ledarna" befragt wurden. In der Studie werden neun Führungseigenschaften genannt und den Geschlechtern zugeordnet. Als typisch männlich gelten demnach die Attribute „autoritär", „selbstsicher" und „kämpferisch". „Kompetent", „mutig" und „ergebnisorientiert" laufen unter neutral, typisch weiblich sind „flexibel", „umsichtig" und „teamfähig", und das sind die Führungseigenschaften, die für die Zukunft eines Unternehmens die wichtige Rolle spielen werden.

Es gibt zahlreiche Untersuchungen der unterschiedlichen Verdrahtung der männlichen und weiblichen Gehirne. Wissenschaftler um Madhura Ingalhalikar von der Universität Philadelphia hatten die Verbindungen innerhalb des Gehirns mittels einer Diffusions-Tensor-Bildgebung untersucht (2014). Die Untersuchungen ergaben, dass männliche Gehirne offenbar für die Kommunikation innerhalb der jeweiligen Gehirnhälften optimiert sind. Bei Frauen gab es hingegen eine große Anzahl von längeren Nervenverbindungen und Kontakten zwischen den beiden Gehirnhälften. Anders Indset schreibt in seinem Buch „Quantenwirtschaft" (2020), dass „Männer typischerweise mehr ihre linke Hemisphäre nutzen, der Verstand, Logik und Mustererkennung zugeordnet ist. Daher sind sie gut darin, sich auf einzelne Ziele zu fokussieren und Aufgaben systematisch anzugehen. Frauen hingegen nutzen oft eher ihre rechte Gehirnhälfte, die ihnen ermöglicht, sich einzufühlen, mit anderen in Verbindung zu treten, soziale Strukturen zu schaffen und zu erhalten sowie kreative Lösungen zu finden." Und wie erwähnt können Frauen mit beiden Gehirnhälften arbeiten, was wichtig ist, um die Breite und die Unterschiedlichkeit der Tätigkeiten gerade im Management und der Führung eines Unternehmens gut zu bewerkstelligen.

13 Ausblick: Unternehmensführung im Lichte eines nachhaltigen ökologischen und sozialen Wirtschaftens

Vor dem Hintergrund aktueller gesellschaftlicher Fragestellungen wie Globalisierung, Klimawandel und Finanzkrise wird vermehrt grundsätzliche und auch berechtigte Kritik an der Art und Weise ausgesprochen, wie wir bisher unsere Wirtschaft organisiert haben. Und unter welcher Maxime und mit welcher Vision Unternehmen als wichtige Bestandteile der Wirtschaft handeln – schließlich funktioniert die Wirtschaft nur unter der Voraussetzung, dass der Mensch und dessen Bedürfnisse im Mittelpunkt stehen. Themen wie Schaffung und Erhalt von Arbeitsplätzen, sozial- und geschlechtergerechte Entlohnung für die Arbeit, nachhaltige Produkte und Services, soziale Gerechtigkeit und eine auskömmliche Altersabsicherung spielen eine dominante Rolle in der öffentlichen Diskussion. Hinzu kommt, dass die Unternehmen durch die Globalisierung, den Klimawandel, neue Technologien und Veränderungen in der Gesellschaft unter erhöhten Veränderungsdruck geraten.

Wirtschaft und Unternehmen müssen sich den veränderten Rahmenbedingungen stellen und sich ihnen dynamisch anpassen. Die gesellschaftliche Aufgabe von Unternehmen besteht darin, Wertschöpfungsprozesse im Sinne eines individuellen und gemeinsam verantwortlichen Handelns nachhaltig und sozial zu organisieren. Die Politik wiederum muss dafür den adäquaten Rahmen liefern und Bedingungen schaffen, damit die Unternehmen zum einen auf die veränderten nationalen und internationalen Bedürfnisse der Kunden effizient und schnell reagieren und zum anderen auch gedeihlich Erträge erzielen können, um auch in Zukunft die notwendigen Investitionen in Menschen, Produkte, Services und Maschinen/Technologien tätigen zu können. „Nachhaltige Unternehmensführung ist ein langfristig ausgerichtetes, werte-basiertes und gegenüber dem Menschen und der Umwelt Verantwortung forderndes, gelebtes Konzept", so der Wirtschaftswissenschaftler Rudolf X. Ruter (2016). Anteilseigner und Top-Management müssen auf folgende Fragen einleuchtende und transparente Antworten finden:

- Welches Vorbild will ich geben?
- Welche Werte lebt das Unternehmen, und teile ich diese Werte?
- Welche Sinn- und Werteorientierung benötigt mein Unternehmen, um erfolgreich zu sein?
- Wie definiere ich Erfolg in einer immer stärker von Nachhaltigkeit und Digitalisierung geprägten Welt?

Kunden und Investoren fordern heute mehr und mehr überprüfbare Nachhaltigkeit in allen unternehmerischen und politischen Bereichen. Das Kundenbewusstsein fokussiert sich immer mehr und auf breiter Front auf nachhaltige Produkte und Services, und zwar mittlerweile über alle Bevölkerungsgruppen hinweg. Darauf nicht zu reagieren, ist für alle Beteiligten ein wirtschaftliches Risiko.

13.1 Triple Bottom Framework als Orientierungshilfe von Unternehmen für nachhaltiges Handeln

John Elkington, ein britischer Experte für Nachhaltigkeit, entwarf in den 1990-er Jahren die „Triple Bottom Line" (TBL), Unternehmen als Orientierungshilfe für Nachhaltigkeit dienen soll. Nachhaltigkeit beruht wie bereits erwähnt auf den drei Säulen Ökonomie, Ökologie und Soziales. Zielsetzung der TBL ist, dass die Unternehmen neben dem Fokus auf den Gewinn auch auf Nachhaltigkeit und Soziales achten sollen. Die TBL-Theorie fordert, das Gewinnstreben eines Unternehmens mit den Bedürfnissen des Menschen und des Planeten in Einklang zu bringen. Alle drei Säulen sollte ein Unternehmen in seiner Zielsetzung gleichrangig berücksichtigen (Elkington, J, 1999). Die bekannteste Definition von Nachhaltigkeit stammt aus dem Brundtland-Bericht der Vereinten Nationen von 1987. Dort bedeutet Nachhaltigkeit, die Bedürfnisse der heutigen Generation zu befriedigen unter der Bedingung, dass zukünftige Generationen ihre eigenen Bedürfnisse ebenso befriedigen können. Nachhaltigkeit heißt somit auch Intergenerationsgerechtigkeit und ist auf Langfristigkeit angelegt. Elkington sprach in diesem Zusammenhang von „sieben Revolutionen der Nachhaltigkeit", die sehr eng miteinander verbunden sind, und beschreibt den in den sieben Revolutionen stattfindenden Paradigmenwechsel (Tabelle 13.1).

Tabelle 13.1 Sieben Revolutionen der Nachhaltigkeit nach Elkington

	Altes Paradigma	Neues Paradigma
Markets	Compliance	Competition
Values	Hard	Soft
Transparency	Closed	Open
Life-Cycle Technology	Product	Function/Service
Partnerships	Subversions	Symbiosis
Time	Wider	Longer
Corporate Governance	Exclusive	Inclusive

Alle sieben Revolutionsfelder sind bis heute aktuell und gültig. In diesen Bereichen gibt es noch keine wirklichen Muster- oder Ideallösungen, aber wir müssen den Mut haben, Dinge auszuprobieren und zu testen. Nur so können sich Unternehmen, Konsumenten, Investoren und die Politik weiterentwickeln und sich auf den Weg machen zu einer nachhaltigen sozialen Marktwirtschaft.

Das benötigt den fortwährenden Fokus auf das Thema Nachhaltigkeit, viele interdisziplinäre Diskussionen, Mut zu radikalen Veränderungen und schnelles gemeinsames Handeln auf allen Ebenen – global, national und individuell. Wir dürfen bei der Bewältigung dieser Herausforderungen keine Zeit mehr verlieren, sonst riskieren wir die Zukunft der nachfolgenden Generationen. Wenn wir bei dem Thema Nachhaltigkeit nur annähernd so konsequent handeln würden, wie wir das jetzt in der Covid-19-Pandemie machen, dann wären wir alle schon wesentlich weiter bei der Verhinderung eines Klimawandels, der unsere Welt Jahr für Jahr etwas mehr zerstört.

Es gibt den einen oder anderen Vorbehalt gegen das TBL-Framework. Einer lautet sinngemäß, dass man zwar den Gewinn sehr einfach quantitativ bestimmen könne, nicht jedoch die nachhaltige und soziale Komponente. Aber ich denke, dass es möglich ist, mit Kreativität und Überzeugung in einem Zeitalter von Zahlen, Daten und Engagements aussagefähige Kriterien für jede der drei Kategorien zu definieren.

Nicht einfach scheint es auch zu sein, die drei Säulen so in Übereinstimmung zu bringen, dass sich wirtschaftliches Handeln eines Unternehmens lohnt. An diesen ernsthaften Vorbehalten muss gearbeitet werden. Möglicherweise wird am Anfang der Gewinn noch eine höhere Priorität haben, aber nach einer Weile werden die nachhaltige und die soziale Komponente gleichberechtigt behandelt werden. Das ist dann die Voraussetzung für ernsthafte Veränderung in der Wirtschaft und in den Unternehmen. Der fortschreitende Klimawandel und die sich rasch verändernden Bedürfnisse und Wünsche unserer Kunden werden alle an der wirtschaftlichen Wertschöpfung Beteiligten dazu zwingen, die

Widersprüchlichkeit der drei Säulen schnellstmöglich zu überwinden – sonst werden die Kunden die Unternehmen überwinden. Das spüren jetzt schon zahlreiche Firmen, die es versäumt haben, schnell und konsequent genug Antworten zu finden auf die neuen Fragen der Kunden und Konsumenten: Mit welchen Rohstoffen arbeiten Sie? Von wem werden Sie beliefert? Wo werden Ihre Produkte hergestellt? Und unter welchen sozialen Bedingungen entstehen sie?

■ 13.2 Vier Disruptoren, die uns auf den Weg der Nachhaltigkeit bringen

Es gibt zahlreiche große und kleine Ideen, wie wir alle zur signifikanten Verbesserung der Nachhaltigkeit unserer Wirtschaft und der Unternehmen beitragen können. Letztendlich werden uns aber nur disruptive Ideen weiterbringen.

Nachdem Sie nun die Inhalte dieses Buches kennen, geht es jetzt darum, den durch Effizienzgewinne frei gewordenen Raum und die Zeit zu nutzen für die zentralen Themen der Zukunft. Deshalb will ich Ihnen ein paar grundsätzliche Ideen und Gedanken mit auf den Weg geben, die beschreiben, warum es für Sie und Ihr Unternehmen so wichtig ist, sich mit großer Energie auf das Thema Nachhaltigkeit zu fokussieren.

Nachhaltigkeit ist die große Herausforderung der nächsten Jahrzehnte. Und nicht nur das: Sie wird Ihnen und Ihrem Unternehmen neue und enorm große Chancen bieten, um sich vom Wettbewerb zu unterscheiden. Das Gebot der Nachhaltigkeit wird für jede Industrie, Branche, Sparte und Unternehmenseinheit gelten und mit tiefgreifenden wirtschaftlichen und gesellschaftlichen Veränderungen verbunden sein. Also, bitte nicht zurücklehnen und sagen: Das wird mich nicht betreffen! Dank der Fokussierung auf die wirklich wichtigen Dinge haben Sie sich Freiräume geschaffen, über die wirklich wichtigen Dinge nachzudenken und das Ergebnis Ihres Nachdenkens zusammen mit Kollegen umzusetzen.

Als Leader und Führungskräfte tragen wir alle gemeinsam eine weit größere Verantwortung, als wir uns das oft in unserer doch recht kleinen eigenen Welt bewusst sind. Nachfolgende vier disruptive Ideen zeigen, in welche Richtung die Veränderungen gehen könnten:

- Disruption Kreislaufwirtschaft
- Disruption Dekarbonisierung und Digitalisierung

- Disruption Gemeinwohl-Ökonomie
- Disruption Bildung

13.2.1 Disruption 1: Die Kraft der Kreislaufwirtschaft

Die Weltbevölkerung wächst nach wie vor stetig. Das hat zur Folge, dass Ressourcen knapp werden. Da kann der Ansatz der Kreislaufwirtschaft (Circular Economy; Bild 13.1) helfen. Eine Kreislaufwirtschaft strebt die längstmögliche Nutzung von Produkten und Rohstoffen an. Anstatt ständig die Nachfrage nach Produkten, die von den Kunden ohnehin nur bedingt oder gar nicht gebraucht werden, mit Minimalverbesserungen voranzutreiben, können Fehlkäufe vermieden und Ressourcenkreisläufe verlangsamt werden.

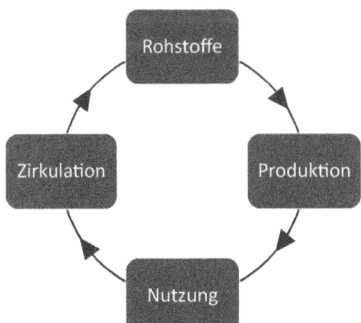

Bild 13.1
Das Konzept der Kreislaufwirtschaft
(Buchberger, S., 2019)

Die Kreislaufwirtschaft ist ein Modell der Produktion und des Verbrauchs, bei dem bestehende Materialien und Produkte so lange wie möglich geteilt, geleast, wiederverwendet, repariert, aufgearbeitet und dann recycelt werden. Praktisch heißt das, Abfälle durch Wiederverwendung und Reparatur bestehender Produkte zu vermeiden. Ist das nicht möglich, dann werden sie wieder in ihre Ausgangsstoffe, also in ihre Rohstoffe, zerlegt und wiederverwertet. Vermeidung von Abfällen und Wiederverwendung stehen immer vor dem Recycling. Verlängerung der Haltbarkeit von Produkten sowie Vermeidung von Sollbruchstellen helfen der Kreislaufwirtschaft, ihre Wirksamkeit größtmöglich zu entfalten. Nachdem ein Produkt das Ende seiner Lebenszeit erreicht hat, verbleiben die Ressourcen und Materialien so lange wie möglich in der Wirtschaft. Sie werden immer wieder produktiv weiterverwendet, um auch zukünftig Wertschöpfung zu generieren.

Die Kreislaufwirtschaft, die von Michael Braungart, Professor für Eco-Design an der Leuphana Universität Lüneburg, und dem US-amerikanischen Architekten, Designer und Autor William McDonough unter dem Namen „Utopia 2015" entwickelt wurde (Braungart, McDonough 2014) steht im Gegensatz zu unserer Wegwerfgesellschaft, die auf große Mengen billige und leicht zugängliche Materialien und Energie setzt. Natürliche Ressourcen dienen als Fertigungseinsatz, der dann für die Produktion von Massenware genutzt wird, die gekauft und oft nach einmaliger Nutzung entsorgt werden.

Diese Verschwendung ist tief im linearen Wirtschaftsmodell verankert, und es ist oft schwierig, den Wert von (Rest-)Stoffen zu begreifen. Eine wirkliche Disruption auf diesem Gebiet wäre das konsequente Einführen und Leben einer funktionierenden Kreislaufwirtschaft. Das ist nicht einfach, denn die Geschäftsmodelle der Kreislaufwirtschaft verlangen fundamentale Veränderungen unserer Denkweisen, der Organisationen und der Strukturen. Doch die Vorteile liegen auf der Hand: Durch Abfallvermeidung, Wiederwendung und weitere Aktivitäten könnte man viel Geld und Ressourcen sparen und gleichzeitig die Treibhausgasemissionen senken. Bild 13.2 vergleicht die unterschiedlichen Geschäftsmodelle.

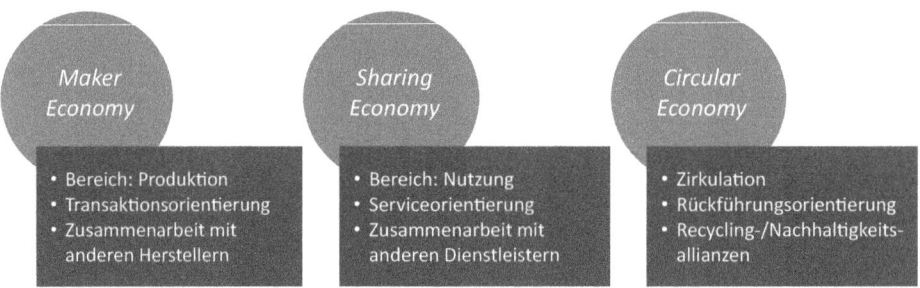

Bild 13.2 Unterschiedliche Schwerpunktsetzung bei der Ausrichtung der Geschäftsmodelle

Der Ansatz der Kreislaufwirtschaft ist immer noch in der Entstehung. Er lässt sich realistisch nur schrittweise durchführen und kann in vielen Bereichen der Wirtschaft zu sehr guten und nachhaltigen Ergebnissen führen. Die Vision hinter dem Konzept der Kreislaufwirtschaft ist der Schutz der Umwelt bei gleichzeitigem Festhalten an der Idee eines qualitativen und nachhaltigen Wirtschaftswachstums. Das Wirtschaftswachstum soll vom Ressourcenverbrauch entkoppelt werden, indem die industrielle Produktion und die Prozesse neu organisiert werden.

Die Kraft der IoT-Entwicklung sowie disruptive Technologien wie der 3D-Druck oder Virtual Reality können dabei helfen, die Kreislaufwirtschaft zu unterstützen. Die 3D-Druck-Technologie beispielsweise könnte die Herstellung von Produkten sehr viel lokaler und individueller machen, was per se schon einen positiven Effekt auf die Nachhaltigkeit hätte. Kreislaufwirtschaft würde für mich unter anderem auch heißen, dass wir versuchen, Produkte, die für unsere Wirtschaft extrem wichtig sind, in einem weitgehend lokalen Kreislauf herzustellen, statt von globalen Rohstoffmärkten abhängig zu sein. Im sehr komplexen Agrarmarkt würde das bedeuten, dass wir dort, wo es wirtschaftlich und ökologisch sinnvoll ist, alles nur Erdenkliche tun, um die lokale Produktion von Lebensmittel zu fördern.

Neun Dimensionen der Wiederverwendungsmöglichkeiten

Die Veranschaulichung des 9R-Rahmenkonzepts von Silvia Buchberger (2019) verdeutlicht noch etwas besser, worauf es bei der Kreislaufwirtschaft ankommt:

- R0 – Refuse. Ein Produkt soll redundant werden oder von einem Produkt mit einer ähnlichen Funktion und nachhaltiger Herstellung oder Wirkungsweise ersetzt werden.
- R1 – Rethink: Prozess, der den Umgang mit dem Produkt beschreibt und sich mit kritischen Fragen beschäftigt, zum Beispiel wie und was wir kaufen, warum wir es kaufen, wie wir es nutzen und wie wir es entsorgen.
- R2 – Reduce: Reduzierung der Rohstoffmaterialien, Steigerung der Effizienz der Produktion, CO_2-Absenkung durch nachhaltige Herstellungs- und Logistikprozesse.
- R3 – Re-Use: Wiederverwertungsmöglichkeiten, falls der Nutzer das noch funktionierende Produkt nicht mehr verwenden will. Sammeln der Gebrauchsgüter und anschließende Vermarktung an andere Nutzer.
- R4 – Repair: Ein nicht mehr funktionierendes Produkt wiederherstellen, damit es vom Nutzer wiederverwendet werden kann.
- R5 – Refurbish: Aufpolieren oder verschönern. Ein altes Produkt wird so wiederhergestellt, dass es wieder funktionsfähig ist und höheren Ansprüchen genügt.
- R6 – Remanufacture: Wiederverwendung von einzelnen Teilen. Die Einzelteile werden in einem neuen Produkt mit gleicher Funktion verwendet, um bei der Produktion Rohstoffe einzusparen.
- R7 – Repurpose: Wiederverwendung von einzelnen Teilen. Die Einzelteile werden in einem Produkt mit anderer Funktion als das bisherige genutzt.
- R8 – Recycle: Verarbeitung von Produkten am Ende des Produktlebenszyklus von hochwertigen technischen Geräten durch Schreddern, Schmelzen oder sonstiger Aktivitäten zu neu zu verarbeitenden Grundstoffen.
- R9 – Recover: Energetische Verwertung der nicht mehr für stoffliche Verwertung zu gebrauchenden Materialien, hauptsächlich durch Verbrennung.

Die Umstellung von der linearen zu einer zirkularen Wirtschaft kann nur funktionieren, wenn einerseits die Politik fest hinter dieser Idee steht und dafür die Rahmenrichtlinien gestaltet und andererseits die Kunden die Sinnhaftigkeit dieser Strategie mittragen, aktiv unterstützen und auch etwaige Preiserhöhungen akzeptieren. Erst wenn beides der Fall ist, haben die Unternehmen genug Anreize, um die zirkuläre Wirtschaft flächendeckend zu realisieren.

Was können Unternehmen konkret tun, um die Vorschläge der Kreislaufwirtschaft in die Tat umzusetzen?

Die Größe besteht darin, die nicht wirklich elementar wichtigen und umweltverzehrenden Innovationen von Produkten bewusst zu verlangsamen. Stattdessen sollten die freiwerdende Energie und der Fokus auf die Produktion qualitativ hochwertiger und nachhaltiger Produkte konzentriert sein. Das Ganze muss dann noch kombiniert werden mit einer vernünftigen wirtschaftlichen Gewinnentwicklung. Hier gibt es folgende Möglichkeiten:

1. Transparente und nachhaltige Produktionsbedingungen, Trend zu verpackungslosen Produkten.
2. Investitionen in den dauerhaften gegenseitigen Austausch mit den Kunden, gemeinsames Lernen mit den Kunden über die Vorteile der Nachhaltigkeit.
3. Nachhaltigkeit als Kaufkriterium etablieren: Durchsetzung von höheren Preisen, um den realen Preis des Produkts abzudecken (einschließlich Lebensdauerverlängerung, Reparaturleistung, Marketing der USPs).
4. Vom reinen Produktanbieter zum Serviceunternehmen: Einführung eines Servicemodells, bei dem das Produkt geleast oder der Zugang zu diesem Produkt temporär bereitgestellt oder geteilt wird.
5. Launch von Gebrauchtmärkten, die gebrauchte Produkte für ein zweites oder weiteres Leben sammeln, kuratieren, aufbereiten und verkaufen.
6. Zusammenarbeit mit Energiedienstleistungsunternehmen, die mittels Preis- und Servicevergleichen der Industrie helfen, ihre Energiekosten zu senken.
7. Transformation der Lieferketten, mehr Transparenz der Lieferketten, neue Prozesse und Kommunikation zwischen Unternehmen, Kunden und Lieferanten, neue Verwendung von Reststoffen und Materialien, Etablieren von Rücknahmeketten.
8. Fokussierung auf Innovationen, die sich primär im ersten Stadium auf Low-Tech- und ressourcenschonende Lösungen konzentrieren. Fokus auf Ökodesign, mit dem Umweltbelastungen über den gesamten Produktlebens-

weg gemindert werden. Anreize schaffen für die Rückführung von Werkstoffen.
9. Einsatz von neuen und disruptiven Technologien – von der Materialwissenschaft und die Rückführung der gebrauchten Produkte in den Wertschöpfungskreislauf über mobile Anwendungen, Cloud Computing (Software as a Service, SaaS-Modell) bis hin zur Datenanalyse und -nutzung sowie dem Einsatz von Kollaborationsplattformen.

Der Klimawandel hat sich in den letzten Jahrzehnten dramatisch beschleunigt. Der Weltöffentlichkeit ist das spätestens seit der UN-Konferenz von 1992 in Rio bewusst, als die damals zwölfjährige Severn Szuki die Weltgemeinschaft von zu dieser Zeit fünf Milliarden Menschen zum Handeln im Interesse künftiger Generationen aufgefordert hat. Mittlerweile liegt die Weltbevölkerung bei acht Milliarden, und sie wächst nach wie vor. Die Erderwärmung und ihre Klimawirkungsketten haben wissenschaftlich dokumentierte Auswirkungen auf alle Bereiche von Umwelt, Gesellschaft und Wirtschaft und werden mittelfristig zu disruptiven Ergebnissen führen, die Klima, Landnutzung, Siedlungs- und Verkehrsstrukturen, Wirtschaft und Wohlstand und Frieden schnell und grundsätzlich verändern. Die konsequente Einführung einer Kreislaufwirtschaft könnte ein großer, erster Schritt auf dem Weg zu einer nachhaltigen Gesellschaft sein. Optimistische Experten kommen heute schon zu der positiven Erkenntnis, dass bereits in 20 Jahren unsere Wirtschaft komplett zirkulär sein könnte.

13.2.2 Disruption 2: Dekarbonisierung und Digitalisierung

Die global ansteigenden Kohlendioxidemissionen, einhergehend mit einer permanent steigenden Erderwärmung, werden mittelfristig zu verheerenden Ereignissen führen. Klima, Landnutzung, Siedlung- und Verkehrsstrukturen, Wirtschaft, Wohlstand und Frieden werden sich radikal verändern, und zwar nicht zum Wohle der Menschheit. Deshalb ist der Ausstieg aus der kohlenstoffbasierten Lebensweise alternativlos.

Das heißt für uns alle, uns ab sofort darauf zu fokussieren, wie wir unsere Volkswirtschaften und unser unternehmerisches Handeln konsequent und möglichst disruptiv, da wir nicht mehr sehr viel Zeit haben, in Richtung einer karbonfreien Welt organisieren. Und, ja, das ist eine globale Aufgabe, der jeder und jede verpflichtet ist – also auch Sie, Ihre Belegschaft, Ihr Unternehmen, Ihr Umfeld, Ihre Wettbewerber und jeder, der einen persönlichen Beitrag zur Dekarbonisierung der Welt beitragen kann. Und ja, der Wandel muss einhergehen mit erheblichen Veränderungen des Bewusstseins und Verhaltens jedes einzelnen.

Die Dekarbonisierung bietet enorme Chancen, die gesamte Wirtschaft zu erneuern. Parallel zu dieser zwangsläufig kommenden Disruption ist eine andere Veränderung schon lange im Gange, die der Digitalisierung, die sich unablässig und rasend schnell durch das wirtschaftliche, gesellschaftliche und soziale Leben arbeitet. Das ist für die exportorientierte deutsche Wirtschaft von größter Bedeutung, will sie nicht ihre Wettbewerbsfähigkeit in ihren Kernkompetenzgebieten verlieren.

Dekarbonisierung und Digitalisierung ergänzen sich und bedingen einander. Dekarbonisierung ist nur möglich mit neuen Technologien, die wiederum neue Produkte, Services und spannende Konzepte ermöglichen, die wir in die ganze Welt exportieren können. Die deutsche Industrie hat hier eine einmalige Chance, ihre zahlreichen Kernkompetenzen auszuspielen. Die weitverbreitete Skepsis gegen die Digitalisierung ist kontraproduktiv und verhindert den Fortschritt, den Deutschland unbedingt braucht. Technologie ist der Enabler für den wirtschaftlichen Fortschritt, und je mehr Technologie in unsere „normale" Welt einfließt, desto weniger Ressourcen werden wir verbrauchen. Die Zukunft wird beweisen, ob wir das so hinbekommen, dass der Mensch immer noch ein selbstbestimmter Mensch ist, der die Technologie zielgerichtet und verantwortungsbewusst einsetzt, um die großen Probleme der Menschheit zu bewältigen.

Beispiele für Handlungsfelder für Dekarbonisierung und Digitalisierung:

- Energiewirtschaft: Der Energiemarkt steht vor den Herausforderungen der Dezentralisierung, der Flexibilisierung, dem schnellstmöglichen Wandel von herkömmlichen fossilen Energiegewinnungsmethoden zu erneuerbaren Energien und deren sinnvolle Vernetzung der alternativen Energieerzeugung und -verteilung. Dank der Digitalisierung können Angebot und Nachfrage schneller, individualisierter und erstmals bidirektional organisiert werden. Mit der Errichtung eines intelligenten Stromnetzes, dem „Smart Grid", wird die Koordination der dezentralen Energiegewinnung automatisiert und der Energieverbrauch flexibilisiert. Marktanteile großer Anbieter werden sich verschieben zugunsten denen kleinerer Anbieter. Völlig neue Produkte und Services werden entstehen: smarte Abrechnung von Stromnutzung, Beratung zu Smart-Home-Leistungen, Reparaturservice bei privaten Energieanlagen, Betrieb von Energiespeichersystemen und vieles andere mehr.
- „Smart Cities": Nach Schätzungen der Vereinten Nationen werden 2050 etwa zwei Drittel der Weltbevölkerung in Städten leben. Das bedeutet für die Städte die Bewältigung folgender Herausforderungen: Veraltete und be-

grenzte Infrastruktur, Wohnraummangel, steigende Umweltbelastungen, Ressourcenverbrauch sowie Armut und Schwierigkeiten in der Daseinsvorsorge. Technologien können helfen, diese Probleme zu einem gewissen Grad zu überwinden. Hinter der Smart City steht die Idee des Aufbaus einer intelligenten, digitalisierten vernetzten Stadt insbesondere in den Bereichen technische Infrastruktur, Gebäude, Dienstleistungen, Mobilität und Kommunikation mit der Zielsetzung, die Lebensqualität der Bürger zu erhöhen. Einzelpersonen bietet die Smart City Zeitersparnis und reduzierten Stress beim Pendeln, verbesserte Sicherheit, schnellere Reaktionen von öffentlichen Diensten und eine maßgeschneiderte Gesundheitsvorsorge. Für die Städte bedeutet Smart City einen effizienteren Ressourcen- und Energieverbrauch, Steigerung der Nachhaltigkeit, Automatisierung der Verwaltung, umweltschonende Verkehrsregelung, Reduzierung des Abfalls und mehr.

- Verkehrswende durch neue Mobilität: Um den Verkehr weitestgehend von klimaschädlichen Emissionen zu befreien, müssen wir Verkehr neu denken. Das wird einerseits dadurch geschehen, dass die Automobilindustrie das Auto als Bestandteil eines vernetzten Mobilitätskonzepts neu denkt, nämlich als Fortbewegungsmöglichkeit, die überwiegend getrieben ist von Software und nicht mehr von Hardware, außerdem mit alternativen umweltschonenden Antriebsmotoren (Elektro oder Wasserstoff) und die eng vernetzt wird mit den öffentlichen Fortbewegungsmitteln Bahn, Bus und U- und S-Bahnen sowie dem Fahrrad. Die Digitalisierung macht die Sharing Mobility möglich mit dem Ziel, den Individualverkehr in den Städten aufrecht zu erhalten. Digitale Intelligenz kann dabei helfen, die Sharing-Fahrzeuge ja nach Verkehrsziel optimal mit Fahrgästen auszulasten und die effizienteste Route auszuwählen. Die Grenzen zwischen Taxis, Carsharing sowie Bus und Bahn lösen sich zunehmend auf, da je nach Bedarf geeignete Verkehrslösungen gewählt werden können. Weitere Vorteile der Verkehrswende: Reduzierung des Flächenverbrauchs, Erhalt von Naturräumen, Rückgang von Schadstoff- und Lärmemissionen und Verkehrsunfällen, Verbesserung der Nahmobilität und anderes mehr.

Weltweit wächst die Einsicht in die Notwendigkeit, ambitionierte Maßnahmen in allen Bereichen der Wirtschaft zum Schutz des Klimas und der Umwelt zu ergreifen und stark nach oben zu priorisieren. Die Nachfrage nach grünen Produkten, Verfahren und Dienstleistungen steigt und steigt – das ist auch in Deutschland der Fall. Das sollte eine gute Voraussetzung für Sie und Ihr Unternehmen sein, alles nur erdenklich Mögliche zu unternehmen, Ihre Produkte und Services so nachhaltig wie möglich zu gestalten. Umweltinnovationen sind ein wesentliches Element, um die ökologische Herausforderung zu meistern und die wachsenden Bedürfnisse der Kunden auf diesem Gebiet zu befriedigen.

In Deutschland wird sich der Markt der „grünen" Leitmärkte von 392 Milliarden Euro (2020) auf 856 Milliarden Euro (2030) um jährlich durchschnittlich 8,1 % steigern („GreenTech made in Germany", Umweltatlas für Deutschland, herausgegeben vom Bundesumweltministerium). Es gibt derzeit sieben grüne Leitmärkte, die alle Ihr Unternehmen und auch Sie persönlich in irgendeiner Weise betreffen: Nachhaltige Mobilität, Energieeffizienz, umweltfreundliche Erzeugung, Speicherung und Verteilung von Energie, Rohstoff- und Materialeffizienz, Umwelttechnik und Ressourceneffizienz, nachhaltige Wasserwirtschaft und Kreislaufwirtschaft.

Ökologie und Technologie (GreenTech) werden ein großer Impulsgeber für die Modernisierung und Innovierung unserer Volkswirtschaft sein. Die Kernkompetenzen der deutschen Unternehmen in den Bereichen Robotik, digitale Produkte, virtuelle Systeme und Systemlösungen sind dabei eine gute Voraussetzung für den Erfolg. Die Digitalisierung entwickelt sich zu einem Ermöglicher von Systemen, die erhebliche Umweltentlastungspotenziale freisetzen können und auch werden. Konkret gesprochen sind dies folgende fünf digitale Systeme: Connected Energy, Connected Information Network, Industrie 4.0, Urban Connected Mobility und Smart Grid. Ich empfehle Ihnen, sich mit den fünf Systemen ausführlich zu befassen.

13.2.3 Disruption 3: Gemeinwohl-Ökonomie

Die Gemeinwohl-Ökonomie ist eine international agierende gesellschaftliche Bewegung, die seit 2010 von Unternehmen und Einzelpersonen getragen wird. Mehr als 2000 Unternehmen engagieren sich bereits für das neue Wirtschaftsmodell, und mehr als 400 Unternehmen haben sich bereits zertifizieren lassen. Der Gründer der Idee der Gemeinwohl-Ökonomie, Christian Felber (2018), wirbt für ein Wirtschaftssystem, das sich statt an reinem Wachstumsstreben an Nachhaltigkeit und Solidarität ausrichtet.

Laut Felber ist die Gemeinwohl-Ökonomie ein „Wirtschaftsmodell der Zukunft". Er spricht statt von einer sozialen von einer „ethischen" Marktwirtschaft. Bisher wird der wirtschaftliche Erfolg eines Unternehmens überwiegend an Rendite und Gewinn gemessen. Der wirtschaftliche Erfolg sollte zukünftig am Beitrag zum Gemeinwohl gemessen werden, nach dem guten alten Motto „Eigentum verpflichtet". Wer mehr zum Gemeinwohl beiträgt, wird dafür belohnt mit öffentlichen Aufträgen, Forschungsprojekten und weniger Steuer-

und Zollzahlungen. Die Idee dieses alternativen Wirtschaftsmodells basiert auf den fünf Grundwerten Menschenwürde, Solidarität, ökologische Nachhaltigkeit, soziale Gerechtigkeit sowie demokratische Mitbestimmung und Transparenz. Die Vision von Felber ist der Aufbau einer nachhaltigen sozialen Gesellschaft und das bedarfsgerechte Leben aller Lebewesen. Es ist ein offener Denkansatz, der von uns allen weiterentwickelt, verändert und verbessert werden kann.

Im Mittelpunkt der Idee steht die Gemeinwohl-Bilanz. Sie macht sichtbar, welchen Beitrag ein Unternehmen zum Gemeinwohl leistet, und dient als Management-Instrument, das in der Lage ist, ein Unternehmen mit nachhaltigen KPI zu führen. Die Zielsetzung der Gemeinwohl-Bilanz ist die Ausrichtung des Unternehmens auf einen dauerhaft nachhaltigen Geschäftsbetrieb. Mittels eines Punktesystems wird geprüft, inwieweit die Unternehmen die zentralen Werte eines nachhaltigen Wirtschaftens umsetzen. Als Basis für die Gemeinwohl-Bilanz dienen 20 Kriterien beziehungsweise Themen mit konkreten Fragen, die, mit einer Punktzahl versehen, den Beitrag eines Unternehmens am Gemeinwohl messen und in einer Gemeinwohl-Ökonomie-Matrix zusammengefasst werden (siehe Schnelltest für Unternehmen zur ökologischen und sozialen Nachhaltigkeit nach der Gemeinwohlbilanz, www.web.ecogood.org):

Fragen zur Zulieferkette

- Menschenwürde in der Zulieferkette
- Solidarität und Gerechtigkeit in der Zulieferkette
- Ökologische Nachhaltigkeit in der Zulieferkette
- Transparenz und Mitentscheidung in der Zulieferkette

Fragen zum Geldmittel

- Ethischer Umgang mit Geldmitteln
- Soziale Haltung im Umgang mit Geldmitteln
- Sozial-ökologische Investitionen und Mittelverwendung
- Eigentum und Mitentscheidung

Fragen zur Beziehung zur Belegschaft

- Menschenwürde am Arbeitsplatz
- Ausgestaltung der Arbeitsverträge
- Förderung des ökologischen Verhaltens der Mitarbeitenden
- Innerbetriebliche Mitentscheidung und Transparenz

Fragen zu Kundenbeziehungen/Partnerschaften

- Ethische Kundenbeziehungen

- Kooperation und Solidarität mit Mitunternehmen
- Ökologische Auswirkung durch Nutzung und Entsorgung von Produkten und Dienstleistungen
- Kundenmitwirkung und Produkttransparenz

Fragen zu gesellschaftlichen Auswirkungen

- Sinn und gesellschaftliche Wirkung der Produkte und Dienstleistungen
- Beitrag zum Gemeinwesen
- Reduktion ökologischer Auswirkungen
- Transparenz und gesellschaftliche Mitentscheidung

Die Antworten auf alle Fragen werden in einer Skala von −4 (Maßnahmen wurden noch nicht eingeführt) bis +4 (vorbildlich, Ideengeber) eingeordnet. Mithilfe dieses Prozesses, der durchaus seine Zeit braucht, wird ein Gemeinwohlbericht erstellt, der natürlich ständige Veränderungen erfährt durch Fortschritte auf dem Weg zu einem wirklich nachhaltigen Unternehmen.

Der Gemeinwohlbericht liefert Ihnen und Ihrem Unternehmen einen tiefgehenden Blick, welchen Beitrag zum Gemeinwohl Ihr Unternehmen augenblicklich liefert und welche Beiträge noch geliefert werden können, um das ganze Potenzial auszuschöpfen. Ihr Unternehmen kann sich öffentlich als gesellschaftlich nutzbringendes Unternehmen darstellen, was in der heutigen und zukünftigen Zeit für die Kunden immer wichtiger werden wird. Ein weiterer großer Nutzen: Ihr Unternehmen wird durch diesen strukturierten Prozess eine Menge Ideen und Input für wertorientierte Produkte und Dienstleistungen erhalten.

13.2.4 Disruption 4: Bildung und Digitalisierung

Die Gegenwart und insbesondere die Zukunft zwingen uns, Bildung neu zu denken. Der Hauptgrund hierfür ist die durch die fortschreitend digitalisierte Arbeitswelt getriebene Automatisierung von einfachen und halbkomplexen Arbeiten und Arbeitsprozessen. Dadurch werden in den nächsten Jahren Hunderttausende von Arbeitsplätzen wegfallen und völlig neue Arbeitsfelder entstehen. Die Herausforderungen an die berufliche Karriere der derzeit und künftig Heranwachsenden verändern sich dramatisch. Sie müssen ein anderes Rüstzeug zur erfolgreichen Bewältigung Ihrer beruflichen Laufbahn haben als die letzten Generationen.

Einer der wichtigsten Paradigmenwechsel, der zu nachhaltigen Veränderungen in der Bildung führen muss, ist die Tatsache, dass reines Wissen als Motor und Treiber der Bildung obsolet geworden ist. Es ist jederzeit verfügbar und sehr einfach abrufbar. Was heute und morgen zählt, ist die Fähigkeit, das vorhandene Wissen „nutzbar zu machen, es zu beurteilen, anzuwenden und dadurch wieder neues Wissen hervorzubringen", ordnet Neurobiologe Gerald Hüther (2011, 2020) die Konsequenzen aus der Gehirnforschung ein. Es geht also heutzutage in der Bildung und Erziehung um den Aufbau ganz neuer Kompetenzen, die über die reine Wissensweitergabe weit hinausgehen, beispielsweise die Lust am Entdecken und Gestalten, Kreativität, Teamfähigkeit, Kollaboration, Verantwortungsbereitschaft, soziales Verhalten und Kommunikation. Wichtig dabei auch: interdisziplinäres Denken und Denken in Zusammenhängen.

Die Grunderkenntnis der modernen Neurobiologie ist, dass alle Kinder mit einer unglaublichen Neugier, mit einer unerschöpflichen Lust am eigenen Entdecken und Gestalten zur Welt kommen. Das ist die einmalige Chance und ein wunderbarer Trigger für die Bildung. Hüther, Leiter der Zentralstelle für Neurobiologische Präventionsforschung an der Psychiatrischen Klinik der Universität Göttingen, spricht in diesem Zusammenhang davon, dass „Erfahrungs- und Gestaltungsräume geschaffen werden, die die intrinsische Motivation der Kinder und Jugendliche zum Lernen und Gestalten, zum Mitdenken und Mitgestalten wecken und stärken". Es geht also um „hirngerechte" Bildungsangebote, die Hüther so definiert:

- Sie sollen Sinn machen, das heißt bedeutsam und wichtig für das betreffende Kind sein.
- Sie sollen als eigene Erfahrung am ganzen Körper, mit allen Sinnen und unter emotionalen Bedingungen erfahren werden, das heißt, sie sollen unter die Haut gehen.
- Sie sollen die gewonnenen Einsichten, Erfahrungen, Kenntnisse und Fähigkeiten im praktischen Lebensvollzug als nützlich und vorteilhaft darstellen, das heißt, im beruflichen Leben praktisch anwendbar sein.

Um diese Ziele nachhaltig zu erreichen, müssen Rahmenrichtlinien für Bildungseinrichtungen geschaffen werden, die eine Kultur schaffen, die weniger auf die reine Leistungsbeurteilung abzielen als auf nachhaltige und für die Zukunft elementar wichtige Werte wie Wertschätzung, Anerkennung, Ermutigung, Individualität und gemeinsame Anstrengung. In der Wirtschaft spricht man von „supportive Leadership". Das heutige Schulsystem verursacht für eine Vielzahl von Kindern und Jugendlichen Angst und Stress. Das setzt alle Beteiligten, Kinder, Eltern, Lehrer und Schulen, unter Druck und ist ein ineffizienter Prozess mit negativen Spätfolgen.

Kinder und Jugendliche, die das geforderte Leistungsniveau nicht erreichen, fallen durch das Raster und bleiben frustriert zurück. Der ökonomische und gesellschaftliche Schaden und die Folgeschäden dieser Entwicklung sind erheblich. Der Spagat zwischen denen, die dem durchschnittlichen Leistungsniveau gerecht werden, und denen, die das nicht schaffen, wird dramatisch wachsen. Das wird uns als Gesellschaft langfristig mehr kosten als Investitionen in das Bildungssystem, um jedem einzelnen in der Gesellschaft die für ihn richtige Breite und Tiefe bieten zu können. Uns die Zeit für Kreativität nicht zu nehmen und die notwendigen Investitionen nicht vorzunehmen, widerspricht dem Wunsch nach einer solidarischen und gerechten Gesellschaft. Deshalb müssen die Bildungsrahmenrichtlinien in einer konzertierten und übergreifenden Aktivität verändert werden.

Junge Menschen müssen frühzeitig auf ihre berufliche Zukunft vorbereitet werden. Da ist ein Digitalbezug in allen Unterrichtsfächern ein unverzichtbarer Schritt. Kinder wollen heute mit digitalen Handwerkszeugen lernen, gestalten, ausprobieren und erfinden. Programmierfähigkeiten helfen, Probleme kreativ und strategisch zu lösen. Die Funktionsweise eines Algorithmus zu kennen, ist ebenso wichtig wie die Bedeutung von Daten und Datenanalysen. Arbeiten im Team, selbstständig und strukturiert, sollte ein wichtiger Bestandteil des täglichen Bildungsauftrags sein.

Schulen müssen deshalb mit aller Macht zu digitalen Ausbildungsstätten aufgebaut werden. Jede Schule braucht den Zugang zu einer gemeinsamen digitalen Plattform, die es ihnen ermöglicht, Inhalte effizient und interaktiv den Schülern zur Verfügung zu stellen. Das macht, unabhängig von der Anforderung der DSGVO, die Einstellung eines eigens für die Betreuung der Hard- und Software zuständigen IT-Verantwortlichen unentbehrlich.

Die Lehrer müssen digital fortgebildet werden. Das ist ein langwieriger Prozess und wird dauern. Die größte Hürde ist die Tatsache, dass viele Lehrkräfte von der Digitalisierung weit weniger verstehen, als man glaubt und sie oft selber denken. Wenn man von ihnen verlangt, Unterrichtsinhalte digital zu gestalten, muss man heute damit rechnen, dass ihnen die Kids um Längen voraus sind.

Je länger wir beim Thema Bildung warten, desto mehr wird es uns kosten. Wir, die Gesellschaft, müssen zusammen dafür kämpfen und allen Widerständen der Menschen trotzen, die sich an die Vergangenheit klammern. Denn wir haben die Verpflichtung, die Zukunft für unsere Kinder jetzt so zu gestalten, dass sie sich agil und motiviert auf sie vorbereiten können. Das wäre ein gutes Rüstzeug – nicht nur für unsere Kinder. Sondern für unsere ganze Gesellschaft.

Damit sind Sie und ich am Schluss dieses Buchs angelangt. Alle dargestellten Bausteine für den beruflichen (und nebenbei: auch für den privaten) Erfolg beruhen auf der festen Überzeugung, dass streng hierarchische Top-Down-Entscheidungsprozesse, Herrschaftswissen und tradierte Unternehmenskulturen und -strukturen Auslaufmodelle sind. Unternehmen und andere Organisationen können in einer integrierten und vernetzten Welt nur dann bestehen, wenn ihre Beschäftigten mit einer klaren Grundhaltung schnell, agil und innovativ auf die kontinuierlich wandelnden Anforderungen reagieren. Und das im direkten und schnellen Dialog mit Kunden, Gesellschaft und Stakeholdern.

Um es kurz zu sagen: Wir müssen Wirtschaft neu und anders denken und gestalten. Wir müssen schneller werden, direkter, demokratischer, partizipativer und nicht zuletzt umweltbewusster.

Führungskräfte, die dies fördern und fordern, beweisen, dass sie Wichtiges vom Unwichtigen unterscheiden. Dass sie Kompetenzen und Ressourcen nachhaltig und erfolgsorientiert einsetzen und sich auf die für den Unternehmenserfolg wirklich wichtigen Aufgaben konzentrieren. Sie tragen damit wesentlich zum langfristigen Erfolg und zur Zukunftssicherung des Unternehmens bei. Wenn dieses Buch einen Beitrag zur Bewusstwerdung geleistet hat, und das im Einklang mit einer modernen, sozialen und nachhaltigen Gesellschaft in einer lebenswerten Umwelt, dann hätte dieses Buch sein Ziel erreicht.

14 Literatur

Appelo, Jurgen (2010): *Management 3.0.* Boston 2010

Becker, Wolfgang; Schuhknecht, Felix (2019): *Digitalisierungsscorecard – ein Performance Management Tool in der digitalen Welt.* In: Hochschule Luzern, Konferenzband 2019. Luzern 2019

Becker, Wolfgang; Ulrich, Patrick (Hrsg.) (2018): *Kooperationen zwischen Mittelstand und Start-up-Unternehmen.* Wiesbaden 2018

Beer, Stafford (1963): *Welt im Werden.* Kybernetik und Management. Frankfurt 1963

Braungart, Michael; McDonough, William (2014): *Cradle to Cradle: Einfach intelligent produzieren.* München 2014

Buchanan, Mark (2002): *Ubiquity: Why Catastrophes Happen.* New York 2002

Buchberger, Silvia (2019): *Das Konzept der Circular Economy als Maxime für Beschaffung und Vertrieb.* In: Technische Universität Ingolstadt, Working Paper, Heft Nr. 46. März 2019

Burkhalter, M. (2018): *Geschäftsmodellierung im Ecosystem.* In: Competence Center Ecosystems 7, Workshop 7

Cole, Tim (2020): *Erfolgsfaktor Künstliche Intelligenz.* München 2020

Deloitte (2021): *Ecosystems 2021 – was bringt die Zukunft? Gestaltung und Positionierung der Finanzindustrie.* St. Gallen 2021

Dörner, Dietrich (2003) Die Logik des Mißlingens. Strategisches Denken in komplexen Situationen. Neuausgabe Hamburg 2003

Drost, Frank Matthias (2020): *Wie können Mitarbeiter an Unternehmen besser beteiligt werden?* In: Handelsblatt, 27. 1. 2020

Edelman (2019): *2019 Edelman Trust Barometer.* Global Report

Elkington, John (1999): *Cannibals with Forks: The Triple Bottom Line of 21st Century Business.* London 1999

EY (2018): *How can purpose reveal a path through disruption?.* In: https://www.ey.com/en_gl/purpose/how-can-purpose-reveal-a-path-through-disruption

Felber, Christian (2018): *Gemeinwohl-Ökonomie.* München 2018

Fieberkorn, Helfrich et al. (2018): *Neuron.* Princeton University Press 2018

Frey, Dieter (2020): *Führungskräfte: Ermuntern Sie Ihre Mitarbeiter zur Zivilcourage.* In: https://www.experto.de/businesstipps/fuehrungskraefte-ermuntern-sie-ihre-mitarbeiter-zur-zivilcourage.html

Gardenswartz, Lee; Rowe, Anita (2002): *Diverse Teams at Work*, SHRM, 2. Auflage 2002. In: https://www.gardenswartzrowe.com/why-g-r

Günther, Edeltraut; Ruter, Rudolf X. (2015): *Grundsätze nachhaltiger Unternehmensführung: Erfolg durch verantwortungsvolles Management.* Berlin 2015

Helfrich, Randolph F. (2018): *Neural Mechanisms of Sustained Attention Are Rhythmic.* In: Neuron, Vol. 99, Issue 4, 22. August 2018, S. 854-865. In: *https://www.sciencedirect.com/science/article/pii/S0896627318306305*

Hofstetter, Helmut (1988): *Die Leiden der Leitenden.* Köln 1988

Hüther, Gerald (2020): *Atmosphäre schaffen für Entwicklung Erkenntnisse und Konsequenzen aus der Hirnforschung.* In: *https://docplayer.org/27293404-Atmosphaere-schaffen-fuer-entwicklung-erkenntnisse-und-konsequenzen-aus-der-hirnforschung.html*

Hüther, Gerald (2011): *Lernen mit Begeisterung – ein Plädoyer für eine neue Lernkultur.* In: Loccumer Pelikan 4/11

Indset, Anders (2020): *Quantenwirtschaft.* 4. Aufl. Berlin 2020

Ingalhalikar, Madhura et al. (2014): *Sex differences in the structural connectome of the human brain.* In: Proceedings of the National Academy of Sciences of the United States of America (PNAS), 14. Januar 2014, Seite 823-828

Internationaler Controller Verein (2016): *Business Analytics, der Weg zur datengetriebenen Unternehmenssteuerung.* Dream Car der Ideenwerkstatt im ICV 2016. Wörthsee 2016

Jackall, Robert (2009): *Moral Mazes: The World of Corporate Managers.* London 2009

Johannsen, Jaakko; Lübbers, Sven (2018): *Selbstcheck für die Selbstorganisations-Readiness.In:* Personalmagazin 8/2018. In: *https://www.system-worx.com/mediathek/handbuch-und-fragebogen-selbstorganisations-readiness*

Kalisch, Raffael (2017): *Der resiliente Mensch. Wie wir Krisen erleben und bewältigen.* Berlin 2017

Kano, Noriaki et.al. (1984): *Attractive Quality and Must-be Quality.* In: Journal of the Japanese Society for Quality Control. 14(2) 1984, S. 147-156

Kaplan, Robert; Norton, David (1997): *Balanced Scorecard.* Stuttgart 1997

Kaufman, Ron (2012): *Uplifting Service: The Proven Path to Delighting Your Customers.* New York 2012

Kruse, Peter (2004): *Next practice. Erfolgreiches Management von Instabilität.* Wiesbaden 2004

Kruse, Volkhardt (1998): *Beers Modell lebensfähiger Systeme und seine exemplarische strukturelle und instrumentelle Anwendung auf den Bankbetrieb unter Berücksichtigung aktuell dominierender bankbetrieblicher Organisationskonzepte.* Dissertation. Göttingen 1998

Laloux, Frederic (2015): *Reinventing Organizations.* München 2015

Malik, Fredmund (2002): *Komplexität – was ist das? Modewort oder mehr?* In: Cwarel Isaf Institute (1998). In: *www.managementkybernetik.com*

Malik, Fredmund (2017): *Gefährliche Managementwörter.* Frankfurt 2017

Malik, Fredmund (2017-2020): *Für richtiges und gutes Management.* Newsletter. St. Gallen 2017-2020

Metzner, Jan (2018): *6 Beispiele wie das IoT Unternehmen voranbringt.* In: *https://www.industry-of-things.de/6-beispiele-wie-das-iot-unternehmen-voranbringt-a-707568/*

Moore, James F. (1993): *Predators and Prey: A New Ecology of Competition.* In: Harvard Business Review. Nr. 93309, Juni 1993, S. 75

Nettesheim, Katja (2020): *Erfolgsfaktor resiliente Führung: Was macht sie aus?* In: Human Resources Manager, 16. Juni 2020

Osann, Isabell; Mayer, Lena; Wiele, Inga (2020): *Design Thinking Schnellstart.* München 2020

Peter, Laurence J. (1969): *The Peter Principle.* New York 1969

Pink, Daniel H. (2009): *Drive: The Surprising Truth About What Motivates Us.* New York 2011

Popper, Karl (1980): *Die offene Gesellschaft und ihre Feinde*, Bd. 1. Stuttgart 1980

Popper, Karl (1996): *Alles Leben ist Problemlösen: Über Erkenntnis, Geschichte und Politik.* München 1996

Probst, Gilbert (2012): *Wissen managen: Wie Unternehmen ihre wertvollste Ressource optimal nutzen.* Wiesbaden 2012

Riemensperger, Frank (2020): *Die Zukunft der Arbeit.* In: https://www.linkedin.com/pulse/die-zukunft-der-arbeit-frank-riemensperger/?trk=public_post_promoted-post

Rüchardt, Dominik (2019): *Wie Plattformen die Digitalwirtschaft bestimmen.* In: www.computerwoche.de/a/wie-plattformen-die-digitalwirtschaft-bestimmen,3547305

Rüegg-Stürm, Johannes; Grand, Simon (2020): *Das St. Galler Management-Modell. Management in einer komplexen Welt.* Stuttgart 2020

Ruppert-Winkel, Chantal et al. (2017): *Nachhaltiges Handeln in Unternehmen und Regionen. Ein Wegweiser für den Ausbau und die Kommunikation von sozialen und ökologischen Aktivitäten insbesondere von kleinen und mittleren Unternehmen (KMU) in ländlichen Regionen.* In: https://www.oeko.de/fileadmin/oekodoc/Wegweiser-nachhaltiges-Handeln-KMU.pdf

Ruter, Rudolf X. (2016) *Wie Sie Beirat oder Aufsichtsrat werden: Voraussetzungen – persönlicher Projektplan – Netzwerk.* Berlin 2016

Sendel-Müller, Markus (2010): *Mitarbeiterbeteiligung als Baustein der Unternehmensfinanzierung: Die Finanzierung mittelständischer Unternehmen über Formen der monetären Mitarbeiterbeteiligung.* Baden-Baden 2019

Senge, Peter M. (1990): *Die fünfte Disziplin: Kunst und Praxis der lernenden Organisation.* 11. Aufl. Stuttgart 2017

Shore, Lynn M. et al. (2011): *Inclusion and Diversity in Work Groups: A Review and Model for Future Research.* In: Journal of Management Vol. 37 No. 4, Juli 2011, S. 1262-1289

Singh, Sanjiv (2020): *Die 4 Merkmale einer agilen Organisation.* In: CIO Magazin. In: https://www.cio.de/a/die-4-merkmale-einer-agilen-organisation,3555727

Steiner, Gina (2020): *Vom Baum zum Netzwerk.* In: www.sitegeist-agile.de

Summerer, Alois; Maisberger, Paul (2020): *Teamwork agil gestalten – Das Mitmachbuch.* München 2020

Sunzi (2009): *Die Kunst des Krieges.* Frankfurt am Main und Leipzig 2009

Tzuo, Tien (2019): *Das ABO-Zeitalter: Warum das ABO-Modell die Zukunft Ihres Unternehmens ist und was Sie dafür tun müssen.* Kulmbach 2019

Wagner, Guenther (2020): *10 Tipps für eine positive Fehlerkultur.* In: LeanMagazin, 26.11.2020. In: https://leanbase.de/publishing/leanmagazin/tipps-fur-eine-positive-fehlerkultur

Wiener, Norbert (1948): *Cybernetics or Control and Communication in the Animal and the Machine.* Whitefish 1948

Wrobel, M., Schildhauer, T. Preiß, K. (2017): *Kooperationen zwischen Startups und Mittelstand. Learn. Match. Partner.* Berlin: Alexander von Humboldt Institut für Internet und Gesellschaft. 2017

Zander, Alvin (1994): *Making Groups Effective.* San Francisco 1994

Zenger, Jack; Folkman, Joe (2009): *The Extraordinary Leader: Turning Good Managers into Great Leaders.* New York, 2009. In: https://zengerfolkman.com/wp-content/uploads/2019/08/Key-Insights-From-EL_WP-2019.pdf

15 Index

Symbole

9R-Rahmenkonzept 153

A

Abo-Modelle 65
Agile Organisation
– Merkmale 105
Agilität 78
– Definition 103
Alleinstellungsmerkmal 23
Analyse
– des Portfolios 19
Appelo, Jurgen 16
Augmented Intelligence 24
Automatische Sprach- und Bilderkennung 70
AVK-Regel 11

B

Balanced Scorecards (BSC) 52, 54
Basisfaktoren 40
Bauchentscheidungen 52
Baukybernetik 84
Beer, Stafford 83
Begeisterungsfaktoren 40
Big Data 65
Bildung 160
Biokybernetik 84
Bleicher, Knut 81
Botenstoffe 123
Boxen und Silos 85

Branchenplattformen 75
Braungart, Michael 151
Bresch, Carsten 80
Buchberger, Silvia 153
Business Analytics
– Grundlagen 52
Business Ecosysteme
– Fragestellungen 111
Business Ecosystems 111
Buyers Personas 36

C

Charakter
– entwickeln 5
Circular Economy 151
Clevis Consult 29
Cloud-Architektur 68
Cloud Computing 68, 155
Command and Control
– Führungsstil 8
Company-Hotline 38
Connected Energy 158
Connected Information Network 158
Controlling
– Analyse der Zahlen 48
– Bauchentscheidungen 52
– Erfassung aktueller Geschäftsmodelle 47
– und betriebswirtschaftliche Entscheidungen 47
– und Führungskräfte 47

Corporate Social Responsibility (CSR) 59
Cross-Medialität 124
Crowdsourcing 74
Customer Centricity 35
Customer Effort Score (CES) 42
Customer Insights 36
Customer Journey 36
Customer Lifetime Value 36
Customer Satisfaction Score (CSAT) 42

D

Data Mining 70
Data Science 24
Datenplattformen 67
Deep Learning 71
Dekarbonisierung 155
Delegation
– Kriterien 16
– mit Vertrauen 8
– zur Schaffung von Freiräumen 15
Delegation Poker
– Kartenspiel 17
Delegationsfalle 8
Descriptive Analytics 53
Design Thinking (DT) 43
Diagnostic Analytics 53
Die Kunst des Krieges
– Sunzi 6
Digitale Disruption 64
Digitale Transformation 63
Digitalisierung 155
– Bildung 160
Digitalisierungsscorecard (DSC)
– zentrale Aspekte 55
D&I-Kultur
– Vorteile einer 142
Disruption 27
– digitale 64
Disruptoren 150
Diversität
– Dimensionen 137
– konkrete Schritte 140

Diversitäts- und Inklusions-Audits (D&I-Audit) 137
Diversität und Inklusion (D&I) 139
Diversity 45, 137
Diversity Management 144
Doerr, John 57
Dörner, Dietrich 79
Drost, Frank Matthias 128

E

Edelman Trust Barometer 10
Elkington, John 148
Employee Stock Ownership (ESOP) 131
Energiewirtschaft 156
Entscheidungsfindung
– sieben Stufen 16
Entscheidungsumsetzung 122
Erfolgsstrategie
– Transparenz 117
Erfolgsstrategien
– Agilität 103
– Ander denken 93
– Anpassung 79
– Fokussierung 19
– Fortschritts 63
– Kundenorientierung 35
– Selbsterkenntnis 1
– Unterschiedlichkeit 137
– Wertschätzung 125
ErfolgsstrategienMessbar machen 47
Everybody's Darling 95

F

Fähigkeiten
– interpersonelle 5
Feedback 84
Fehler
– zulassen und daraus lernen 11
Felber, Christian 158
Fokus
– auf Ergebnis 5
Fokussierung
– auf Prioritäten 19

Folkman, Joe 4
Fosbury, Richard Douglas 99
Freiräume
– durch Weglassen schaffen 22
Frey, Dieter 96
Führungskultur
– Veränderungsprozesse 118
Führungsmethoden
– Zivilcourage 97
Führungsvoraussetzungen
– individuelle 5

G

Gemeinwohl-Ökonomie 158
Geschäftsfelder
– mit strategischem Wert 20
Geschäftsmodelle
– in der digitalisierten Welt 64
Globeone 32
GreenTech 158
Grove, Andy 57
Guenther, Wagner 12

H

Handlungsalternativen 122
Handlungsfelder
– für Dekarbonisierung und
  Digitalisierung 156
Hofnarr 94
Hofstetter, Helmut 4
Human-Centered Design (HCD) 45
Human Machine Interface (HMI)
  71
Hüther, Gerald 161

I

Ideen
– disruptive 150
Indset, Anders 92, 145
Industrie 4.0 158
Ingalhalikar, Madhura 145
Inklusion 137

Innovation Hub 112
Interaktion 124
Internet of Things 67
Intuition 71

J

Jackell, Robert 96

K

Kalisch, Raffael 114
Kanban 43, 104
Kano, Noriaki 40
Kaplan, Robert S. 54
Kaufman, Ron 38
Kernkompetenzen 26
– für erfolgreiche Führung 5
Key Performance Indicators (KPI) 37, 53,
  104
Key Results
– Definition 57
KISS (Keep it simple, stupid) 119
Kognitive Technologien 70
Kollaboration
– statt Konkurrenz 66
Kollaborationsplattformen 155
Kommunikation
– im Unternehmen 117
– Key-Kriterien 119
– Regeln für Entscheidungsfindungs-
  prozesse 121
Komplexität
– akzeptieren 79
– als C 79
Kompliziertheit
– vs. Komplexität 80
Kortexaktivitäten 123
KPI-Dashboard 52
Kreislaufwirtschaft 151
– Realisierung 154
Krise
– Umgang 120
Krisenprävention 114
Kruse, Peter 98

Kundenbedürfnisse 35
- erfassen 38
Kundenbefragungen 19
Kundendienst
- verbessern 38
Kundennähe
- im Unternehmen 36
- Teil des Dialogs 37
kundennahes Agieren 35
Kundenorientierung 35
- Fragen und Tools 36
Kundenzufriedenheit
- Definition 40
- Faktoren 40
- steigern 42
Künstliche Intelligenz (KI) 70
Kybernetik
- Merkmale und Vorteile 82
- Technische 84
- zweiter Ordnung 84

L

Laloux, Frederic 31
Leader
- Unterschied zum Manager 91
Leistungsbeurteilung 2
Leistungsfaktoren 40
Lösungssuche 122

M

Machine Learning 71
Malik, Fredmund 80
Management-Framework 51
Marktbedürfnisse
- Anpassung an 31
Marktforschung
- als Dauereinrichtung 22
- Augmented Intelligence 24
- Data Science 24
- und Kundenbindung 36
Marktüberlegenheit 28
Maschinelles Lernen 70
McDonough, William 152

Metzner, Jan 68
Microsoft
- technologiezentrierte Neuaufstellung 77
Mintzberg, Henry 6
Mirroring 123
Mission Statements 30
Mitarbeiterbeteiligung 128
- Bonus-System 134
- Kapitalbeteiligungsmodelle 130
- Modelle 130
- Zielvereinbarungen 133
Moore, James F. 111
Mustererkennung 70
Myers, Verna 139
Mystery Shopping 42

N

Nachhaltigkeit
- als Wettbewerbsvorteil 59
- Bedeutung für Unternehmen 150
- Disruptoren 150
Net Promoter Score (NPS) 42
Nettesheim, Katja 113
Neural Coupling 123
New Work 103
New Work Bewegung 31
Next Practice
- und Best Practice 99
Nicklisch, Heinrich 130
Norton, David P. 54
Nutzertests 42

O

Objectives
- Definition 57
Objectives and Key Results (OKR) 57
OKR-Methode 58
Open Innovation 74

P

Personal Mastery 110
Peter, Laurence J. 4
Peter-Prinzip 4
Pink, Daniel 31
Plattformen
– skalierbare 65
Plattformgeschäftsmodell 75
Plattformökonomie 65, 75
Popper, Karl 93
Portfolio
– aufräumen 20
– jährlich analysieren 19
– Priorisierung 25
Predictive Analytics 53, 70
Prescriptive Analytics 53
Priorisierung
– im Portfolio 25
Problemidentifikation 121
Produkte
– mit strategischem Wert 20
Profitable Dienstleistungen 20
Profitable Geschäftsfelder 20
Profitable Produkte 20
Prozessmusterwechsel 98, 113
– Voraussetzungen 100
Purpose 29, 31
– prägnant formulierte Beispiele 33
Purpose Readiness Index 32

R

Recurring Revenues 66
Resilienz 113
– Stärkung des eigenen Immunystems 114
– trainieren 116
– und Führung 114
Richtung
– wählen 30
Riemensperger, Frank 68
Robotic Process Automation (RPA) 70
Rückkopplung 84
Rückmeldungen
– über eigene Leistungen und Schwächen 2
Ruter, Rudolf X. 147

S

schöpferische Zerstörung 27
Schulungsmaßnahmen 126
Schwächen
– analysieren 2 f.
– Delegation 7
Schwarmintelligenz 74
Scrum 43, 104
Selbsterkenntnis 1
Selbstorganisation 84
– Bedeutung 86
Sendel-Müller, Markus 130
Senge, Peter M. 110
Sharing Mobility 157
Shore, Lynn M. 140
Sieben Revolutionen der Nachhaltigkeit 148
Sieben Stufen der Entscheidungsfindung 16
Singh, Sanjiv 105
Small-Data-Analyse 24
– Tools 24
Smart Cities 156
Smart Grid 158
Social-Media-Aktivitäten 39
Social Sentiment 42
Software as a Service 155
Soziokybernetik 84
Stabilität
– Resilienz 113
Stärken
– analysieren 2
– Effektivität steigern 4
– verdeckte 3
Stärken-/Schwächen-Analyse 6
Steiner, G 106
St. Galler Management-Modell 121
Storytelling 123
– erfolgreiches 124

Subscription Economy 66
Sunzi 6
supportive Leadership 161
Sustainability Scorecard (SSC) 56
SWOT-Analyse 6
Synergieeffekte
- durch komplementäre Teams 13

T

Team
- selbstorganisiertes 89
Teams
- komplementäre 13
Technologien
- disruptive 152
Things Gone Wrong 42
Touch Points 36
Tracking
- von Nutzer- und Nutzungsverhalten 67
Tracking Tools 36
Transformation
- digitale 63
Transparenz
- wirtschaftlicher Kennzahlen 50
Triple Bottom Line (TBL) 148
Tzuo, Tien 66

U

Ulrich, Hans 81
Unconscious Biases 138
Unique Selling Proposition (USP) 23
Unternehmen
- IT-getriebene 63
Unternehmenserfolg
- Auslaufmodelle 163
Unternehmensführung
- und nachhaltiges ökologisches und soziales Wirtschaften 147
- Zukunftsfragen 148

Unternehmenskybernetik 84
Urban Connected Mobility 158
Ursachenanalyse 2
Usability 73
Usability-Tests 42
User Experience 73

V

Value Proposition 29
Veränderungen
- vorantreiben 5
Verantwortung
- konsequent delegieren 10
Verkehrswende 157
Vertriebsabteilung 36
Viable System Model (VSM) 85
Virtual Reality 152
Vision 31
VUCA-Welt 79, 105

W

War of Talents 129
Weiterbildung 125
Wissensmanagement
- Funktionen 108

Z

Zenger, Jack 4
Zielvereinbarungen 133
Zivilcourage 95
- Führungsmethoden 97
Zufriedenheit
- erreichen 35

16 Der Autor

York von Heimburg ist Diplom-Kaufmann und war 35 Jahre lang in führenden Positionen internationaler Medien- und Verlagshäuser tätig, zuletzt als President International bei IDG Communications. In dieser Funktion war er für Dutzende von Länder- und Lizenzgesellschaften inklusive China verantwortlich. Er ist Autor von fünf Managementbüchern und lebt in München.

Danksagung

Ich bedanke mich sehr herzlich für alle Anregungen und Hinweise, die ich im Lauf meiner langjährigen Tätigkeit bei der International Data Group (IDG) von meinen Kolleginnen und Kollegen aus der ganzen Welt bekommen habe. Besonders viel verdanke ich dem leider verstorbenen Gründer von IDG, Pat McGovern.

Zu Dank verpflichtet bin ich darüber hinaus Joachim Haack, Bertram Neubert, Helmut Müller und Stephan Scherzer, die mir wertvolle Hinweise bei der Erstellung des Inhaltes gaben. Und was die Form betrifft, so geht mein Dank an Lisa Hoffmann-Bäuml vom Carl Hanser Verlag.

München, im Juli 2021 *York von Heimburg*